高等职业教育水利类新形态系列教材

水 文 化 概 论

主　编　温雪秋　陈仲峰
副主编　欧阳莎　甘子成

中国水利水电出版社
www.waterpub.com.cn
·北京·

内 容 提 要

本书是以习近平文化思想为指导,对水文化作出了最新梳理和阐释的教材,凝聚了学术界 30 多年来水文化理论研究与实践的最新成果。全书分为七章,集中阐述了文化与水文化概述、物质形态水文化、精神形态水文化、制度形态水文化、水文化遗产的保护与开发、水文化教育与传播、中外水文化的比较等内容,为大学生了解、认识水文化打开一扇门。为了提高可读性,在编写本书的过程中,力求深入浅出、通俗易懂、文字畅达,让老师易教、学生易学。

本书适合水利院校水利类专业开设必修课或非水利类专业开设选修课使用,也适合普通高校开设通识课程使用,还可以作为大学生文化素质教育通选教材。

图书在版编目（CIP）数据

水文化概论 / 温雪秋,陈仲峰主编. -- 北京 : 中国水利水电出版社,2024.8
高等职业教育水利类新形态系列教材
ISBN 978-7-5226-2032-9

Ⅰ. ①水… Ⅱ. ①温… ②陈… Ⅲ. ①水文化学－高等职业教育－教材 Ⅳ. ①P342

中国国家版本馆CIP数据核字(2024)第007173号

书　　名	高等职业教育水利类新形态系列教材 **水文化概论** SHUIWENHUA GAILUN
作　　者	主　编　温雪秋　陈仲峰 副主编　欧阳莎　甘子成
出版发行	中国水利水电出版社 （北京市海淀区玉渊潭南路1号D座　100038） 网址：www.waterpub.com.cn E-mail：sales@mwr.gov.cn 电话：(010) 68545888（营销中心）
经　　售	北京科水图书销售有限公司 电话：(010) 68545874、63202643 全国各地新华书店和相关出版物销售网点
排　　版	中国水利水电出版社微机排版中心
印　　刷	天津嘉恒印务有限公司
规　　格	184mm×260mm　16开本　8.5印张　207千字
版　　次	2024年8月第1版　2024年8月第1次印刷
印　　数	0001—2000册
定　　价	34.00元

凡购买我社图书,如有缺页、倒页、脱页的,本社营销中心负责调换

版权所有·侵权必究

编委会

主　编　温雪秋　陈仲峰

副主编　欧阳莎　甘子成

编　委　林冬妹　李宜芳　龚红莲

前言

党的十八大以来，以习近平同志为核心的党中央，领导全党全国各族人民阔步跨入了新时代。新时代要有新创见、新创举，习近平总书记提出了"人与自然和谐共生""绿水青山就是金山银山""山水林田湖草生命共同体""治水要良治"等一系列思路，提出了对中华优秀传统文化要进行"创造性转化、创新性发展"的新要求。这不仅为我们正确处理人水矛盾、科学对待人水关系指明了方向，同时也为我们开展水文化科学研究，推动当代水文化教育发出了动员令。

水是人类文明的源泉，我国是一个具有悠久治水传统的国家，在长期实践中，形成了独特而丰富的水文化。中华民族创造了巨大的物质和精神财富，水文化是中华文化不可或缺的重要组成部分，同时也是水利事业的重要组成部分。传承水文化、挖掘水文化、弘扬水文化，对于延续历史文脉，坚定文化自信，促进人水和谐，对实现第二个百年奋斗目标和中华民族伟大复兴中国梦都具有深远的意义。

水利部党组高度重视水文化建设，近年来坚持从水利工作全局出发谋划水文化发展战略，明确发展重点，搭建有效平台、突出行业特色，有力发挥了水文化对水利改革发展的保障作用。水文化工作在顶层设计、体制机制、工作实践、理论研究、重点任务等方面都取得了积极进展，有力推进了水文化建设工作，为水利改革发展提供了更加坚实的支撑和保障。

水文化的发展繁荣，重在建设，成在教育。没有教育就难以普及，没有普及就难以繁荣，只有不断加大教育力度，才能使水文化的理念和价值观深入人心。水文化教育作为文化教育的内容之一，是社会主义文化建设的重要组成部分。开展水文化教育，对于传承弘扬中华水文化、宣传普及国情水情、积极推动生态文明建设、实现华夏文明的可持续发展具有深远意义。目前，积极开展水文化教育已成为社会大众教育，尤其是水利院校大学生素质教育的重要内容。水利院校的学生是未来水利事业的主力军，担负着新时代水利建设的光荣使命。对未来的水利建设者来说，水文化不是可有可无的内容，而是知识结构不可缺少的组成部分。

为深入贯彻落实水利部关于"在水利院校加强水文化教育，要在水利院校开设水文化选修课或必修课，并争取开设水文化专业，培养既能掌握专业知识，又具有深厚文化素养的新一代水利事业建设者"的精神，充分发挥水利类院校文化研究、文化传承与文化引领作用，本书收集了大量资源，并针对核心内容按章节制作了配套的课件，旨在通过文字、图例与数字资源相结合，力求从总体上厘清水文化的基本理论和实践方向两大问题。其中理论层面包括水文化的内涵与外延、物质形态水文化、精神形态水文化、制度形态水文化等内容，实践层面包括水文化遗产的保护与开发、水文化教育与传播等内容。

本书借鉴了历史、哲学、地理学、工程学以及其他交叉学科等多学科的最新研究成果，参考了国内外众多学者的论文、论著、视频资源等，这些内容对本书的编写发挥了重要作用，在此谨向原作者致以诚挚谢意！

因水平所限，难免有不足之处，敬请广大读者朋友、专家学者给予批评指正。

编者

2024 年 8 月

扫码获取课件

目 录

前言

第一章 文化与水文化概述 ……………………………………………………… 1
  第一节 文化概述 ………………………………………………………………… 1
  第二节 水文化概述 ……………………………………………………………… 6
  第三节 学习本课程的意义和方法 …………………………………………… 13

第二章 物质形态水文化 ………………………………………………………… 15
  第一节 水工程文化 ……………………………………………………………… 15
  第二节 水景观文化 ……………………………………………………………… 19
  第三节 水工具文化 ……………………………………………………………… 24
  第四节 水生态文化 ……………………………………………………………… 28

第三章 精神形态水文化 ………………………………………………………… 32
  第一节 水与哲学 ………………………………………………………………… 32
  第二节 水与文学 ………………………………………………………………… 36
  第三节 水与艺术 ………………………………………………………………… 41
  第四节 水与信仰 ………………………………………………………………… 44

第四章 制度形态水文化 ………………………………………………………… 54
  第一节 水利法律法规 …………………………………………………………… 54
  第二节 水利管理机构设置 ……………………………………………………… 63
  第三节 民间水管理组织与规约 ………………………………………………… 69

第五章 水文化遗产的保护与开发 ……………………………………………… 75
  第一节 水文化遗产的内涵 ……………………………………………………… 75
  第二节 水文化遗产的保护与利用 ……………………………………………… 78
  第三节 广州水文化遗产及保护利用 …………………………………………… 83

第六章 水文化教育与传播 ……………………………………………………… 90
  第一节 水文化教育 ……………………………………………………………… 90
  第二节 水文化传播 ……………………………………………………………… 102

第七章　中外水文化的比较……………………………………………… 112
　第一节　国外水文化的概况……………………………………………… 112
　第二节　中西水文化的差异……………………………………………… 116
　第三节　推动我国水文化强国建设……………………………………… 121

参考文献……………………………………………………………………… 125

第一章

文化与水文化概述

水文化的概念是从文化的概念引申而来的，对于文化而言，水文化是一个下位概念，也就是子概念。所以，要了解水文化，应对文化有一个大体的了解，并对文化和水文化的关系有一个初步的认识。

第一节 文 化 概 述

文化是人类社会生活中的一个重要论题，在不同的历史背景和学术渊源中具有不同的意蕴，不同学科的学者们试图从各自学科的角度来界定文化的概念。然而文化并不是简单的话题，我们需要在古今中外已有文化概念的基础上，探讨文化的内涵。

一、文化在我国的起源与演变

据专家考证，"文化"是我国语系中古已有之的词语。其本义是指"以文教化"，表示对人情操的陶冶、品德的锤炼，本属精神领域的范畴。而现在的"文化"，已成为一个内涵丰富、外延宽广的多维概念。

"文"在甲骨文中就像一个人，正面站着，人的胸口有一个交错的图案，意为人在思考某件事情。从"文"的象形含义中我们还可以进一步理解文化的含义。"文"的上面是一点，代表太阳，代表天；中间是一横，代表地；下面是一个乂（念 yì）。按《辞海》解释，这个字有两种意思：一是有才德的人；二是治理，安定。如果把这三者结合起来，也可以把文化理解为天、地、人的关系，这里揭示了文化的实质是人与客观世界和谐统一的关系。郑玄注《礼记》中说："文，犹美，善也。""化"在甲骨文中为一正一反的两个人正倒相对，其意为转化、变化。

先秦时，"文"与"化"尚未组合在一起。"文"，本义指各色交错的纹理。引申为文物典籍、礼乐制度、人文修养以及美、善、德行之义。"化"，本义为改易、生成、造化，指事物形态或性质的改变，引申为教化迁善之义。如《庄子·逍遥游》中的"化而为鸟，其名曰鹏"，《易·系辞》中的"男女构精，万物化成"。

"文"与"化"并联使用最早出现在我国古代一部文化经典——《周易》中，是书《贲卦·彖传》说："刚柔交错，天文也；文明以止，人文也。观乎天文，以察时变，观乎人文，以化成天下。"意思是，统治者通过观察天象，可以了解时序的变化；通过观察人类社会的各种现象，可以用教化的手段来治理天下。唐代的孔颖达在解释这段话时认为：

"圣人观察人文,则诗书之谓。"这里的"文"和"化"是分开讲的,主要指文学艺术和礼仪风俗等上层建筑。

关于"天文",通常的解释是:刚柔交互错杂形成天的文饰。还有一种解释,指日月往来交错文饰于天,引申为天道自然规律。关于"人文",通常的解释是:内心灿烂光明而言行外表止于(遵循)礼义,是人的文饰。还有一种解释,指人伦社会规律,即社会生活中人与人之间的关系,如君臣、父子、夫妇、兄弟、朋友等,构成纵横交织的复杂社会网络。这段话的意思是说:治国者观察天的文饰,可以了解耕作渔猎时序之变化;观察人文,即君臣、父子夫妇、朋友等关系,可以用教化的手段来治理天下,使天下人均能遵从文明礼仪,行为止其所当止。这里,"人文"与"化成天下"紧密联系,"以文教化"的思想已十分明确。

西汉时,"文"与"化"方合成一个整词。汉语中"文化"一词,最早出现于刘向《说苑·指武》:"圣人之治天下也,先文德而后武力。凡武之兴,为不服也;文化不改,然后加诛。"由此可见,我国最早的"文化",是与"武化"相对的概念,指"文治与教化",即以伦理道德教化世人,使人"发乎情止于礼"的意思。晋代束晳《补亡》一诗中写道:"文化内辑,武功外悠。"都指的是"文治和教化"。我国传统的"文化"内涵,偏重于精神方面。

二、文化在西方的起源与演变

在西方,文化一词起源于拉丁文 cultura,原意是指耕种、居住、练习、注意、敬神,被用来隐喻人类的某种才干和能力,主要指人类为使土地肥沃、种植树木和栽培植物所采取的耕耘和改良措施。到古希腊、罗马时代,这个词的含义转变为改造、完善人的内在世界、使人具有理想公民素质的过程。古罗马政治家西塞罗把文化一词引申为"耕耘智慧"(cultura mentis)。自15世纪以后,逐渐引申使用,意为耕作、培养、教育、发展、尊重等,并进一步引申为培养一个人的兴趣、精神和智能,进而把对人的品德和能力的培养也称为文化。17世纪,德国法学家普芬多夫首次提出"文化"是一个独立的概念,即文化是人的活动所创造的东西和有赖于人和社会生活而存在的东西的总和。18世纪,法国启蒙思想家伏尔泰等提出,文化是一个不断向前发展的、使人得到完善的社会生活的物质要素和精神要素的统一。德国启蒙思想家赫尔德尔在《人类历史哲学概要》中给文化的定位是:第一,文化是一种社会生活模式;第二,文化代表一个民族的精华;第三,文化有明显的边界,作为一个区域的文化,区别于其他区域的文化。据英国文化史学者威廉斯考证,从18世纪末开始,"culture"一词的词义和用法发生了重大变化,他说:"在这个时期以前,文化一词主要指'自然成长的倾向'以及——根据类比——人的培养过程。但是到了19世纪,后面这种文化作为培养某种东西的用法发生了变化,文化本身变成了某种东西。它首先是用来指'心灵的某种状态或习惯',与人类完善的思想具有密切的关系。其后又用来指'一个社会整体中知识发展的一般状态'。再后来是表示'各类艺术的总体'。最后,到19世纪末,文化开始意指'一种物质上、知识上和精神上的整体生活方式'。"19世纪中叶之后,文化人类学兴起,对文化现象的认识有了新的突破。1871年,英国人类学家泰勒的《原始文化》给文化下了一个定义:"文化或文明是一个复杂的整体,它包括知识、信仰、艺术、伦理道德、法律、风俗和作为一个社会成员的人通过学习而获得的任何其他能力和习惯。"这个定义主要以意识形态为内涵，把人类在社会发展过程积聚起来的关于人的东西都统称为文化，是特定生活方式的整体，包括观念形态和行为方式，为人们提供道德的和理智的规范。这是现象描述性定义，说明文化包含的内容。

19世纪下半叶到20世纪初，主要从精神文化方面去认识，偏重于把文化看成人类精神现象——宗教、信仰、思维、心理、语言、艺术等的反映。

三、文化的概念

关于文化的概念，目前已有几百种。概念的广泛和纷繁，说明两个问题：其一，文化本身包含着极为复杂多样的内容，人们关于文化的结论是多种多样的，因为他们的出发点是多种多样的。其二，概念或定义太多，意味着大家对"文化"的理解似是而非，人们很容易混淆"文化"概念中的内涵和外延。

第二次世界大战后，对文化的研究发生了两个历史性转折：一是由注重传统的乡土社会和未来开化社会转向注重现代都市社会，二是由传统农业文化转向现代工业文化。发展到今天，文化学的研究对象和领域扩展到社会生活的各个层面，包括人类的物质文化、制度文化、精神文化等各种文化现象。把政治活动、经济活动作为文化现象来研究，是当代文化学新发展的一个标志。文化研究越来越深入和形成体系。在全球化时代，人们对文化又有了新的认识。

1982年，联合国教科文组织成员国在墨西哥城举行的第二届世界文化政策大会上，给文化下的定义是："文化在今天应被视为一个社会和社会集团的精神和物质、知识和情感的所有与众不同显著特色的集合总体，除了艺术和文学，它还包括生活方式、人权、价值体系、传统以及信仰。"

1998年，联合国教科文组织在《文化政策促进发展行动计划》中指出："发展可以最终用文化概念来定义，文化的繁荣是发展的最高目标。""文化的创造性是人类进步的源泉。文化多样性是人类最宝贵的财富，对发展是至关重要的。"

文化可以划分为不同的体系。由张岱年、方克立主编的《中国文化概论》一书，将文化概念划分为广义和狭义两类。广义的"文化"，着眼于人类与一般动物、人类社会与自然界的本质区别，其涵盖面非常广泛；关于广义文化的结构，有物质文化和精神文化两分说，物质、制度、精神三层次说，物质、制度、风俗习惯、思想与价值四层次说，物质、社会关系、精神、艺术、语言符号、风俗习惯六大子系统说。与"广义文化"相对的，是"狭义文化"。简而言之，狭义的"文化"即精神文化，指人类一切精神财富的总和，包括思想意识、观念形态、宗教信仰、文学艺术、社会道德规范、法律、习俗、教育以及科学技术和知识等。

《中国传统文化散论》的作者李士奇先生认为，文化是由"人化"和"化人"两个方面共构。所谓"人化"，就是"包装自然"，指人参与自然、适应自然和改造自然的成果。换言之，完全由自然形成的，没有打上人工烙印的东西，就不能称之为文化。所谓"化人"，就是"改造人类自己"的成果，即努力消除人的"兽性"，使人的行为更加文质彬彬。对此，法国大文豪雨果说过这样的话："有了物质，人才能生存；有了理想，人才能生活。生存和生活有什么不同？动物是生存，而人则应该是生活。"如果用一言诠释雨果的话，就是：人离动物越远越"文化"。

1999年出版的《辞海》把广义的文化定义为："人类在社会实践过程中所获得的物质、精神的生产能力和创造的物质、精神财富的总和"。把狭义的文化定义为："精神生产能力和产品，包括一切社会意识：自然科学、技术科学、社会意识形态。""泛指一般知识""文治和教化的总称。"

《中国大百科全书·社会学卷》对文化是这样定义的："广义的文化是指人类创造一切物质产品和精神产品的总和。狭义的文化专指语言、文学、艺术及一切意识形态在内的精神产品。"而我们一般所指称的文化，是就狭义的文化而言。

关于文化，流行的说法还有：①人类实践和信仰的积累；②一种信仰的模式，铸就了社会中每一个人的人格；③一种思想和实践的系统；④一种无意识的结构，它产生人类的思想和行为；⑤一种在社会交往中起作用的共同的信号；⑥人类适应自然的一种体系；⑦一种活生生的有机体；⑧展示人之本质的符号系统；⑨人的生存、生活方式及其所追求的价值。目前，关于文化的定义已有数百种，但仍是一个悬而未决、争论不休的问题。对于文化的研究，必须具备多学科视野。

根据以上古今中外学者对文化的论述，本书将文化定义为：文化是人类历史发展过程中所创造的物质财富和精神财富的总和，特指精神财富。

四、文化基本特征

文化本身是一个动态的概念，是一个历史的发展过程，因此，文化既具有地域特征和民族特征，又具有时代特征。

（一）民族性与时代性

一定的文化总是在一定的历史阶段和民族区域产生、演变的，因此任何一种文化都既有其时代性，又有其民族性。认清这一点，许多文化现象中的纠葛可以得到解决。从时代性来说，人类社会发展史上，先后出现过奴隶制国家、封建制国家、资本主义国家和社会主义国家等不同类型的国家，形成了奴隶制文明、封建制文明、资本主义文明、社会主义文明等文明形态。世界各民族的文化虽然各有特色，但都可以根据其时代性而划分为不同的文化类型。但是随着文明的推演，在近现代工业文明的熏陶，无论中西欧亚，这些传统的习性和观念或早或迟都会发生变化。除了时代性以外，文化还有民族性。不同的民族即使处于同一个时代，其文化也会各呈特色。如果说同一时代不同民族的文化已有差异，那么由各个时代积淀起来的不同民族的文化，其差异就更加明显。仅以中西文化的民族差异而言，就可见一斑。在西方的文学史上几个代表人物：如荷马、但丁，我们能从他们身上感到一种共同的风格：庄严和伟大，有种气势逼人的感觉。而在中国，如《诗经》、屈原的《离骚》和陶渊明的诗篇，我们也极易感到有一种共同的风格——高明而自然，这种风格在中国人看来，又是极亲切的。依上可见，时代性与民族性乃是任何一种文化无不具备、不可或缺的两种基本属性。没有文化的时代性，文化的时代精神便无从体现；没有文化的民族性，文化的民族精神便无从反映。

（二）延续性与发展性

任何一个民族的文化都具有自我延续和自我更新这两种机能，然唯有文化心态健全的民族才能做到不断调适，以求得稳定与发展、静态与动态、延续与更新的辩证统一，达到文化生命之树生生不已，枝繁叶茂。文化的自我延续是文化生命保持自我同一性的需要，它是相对稳定的经济、政治生活在文化形态方面的表现。文化的自我更新是文化生命运动的内在要求，它是必然变迁的经济、政治生活在文化形态方面的反映。而经济政治生活之绝对变动性与相对稳定性的统一，就决定了文化形态自我延续与自我更新的统一。从历史上看，中国传统文化之所以富于魅力并引起世人的赞叹，不仅在于它历史悠久、绵长古老，更在于它能够在内忧外患之中表现出顽强的再生能力。中国文化史上依次出现了先秦哲学、两汉经学、魏晋玄学、隋唐佛学、宋明理学、清代朴学；文学上依次出现了汉赋、唐诗、宋词、元曲，"一代有一代之所胜"，中国传统文化发展序列如此一脉相承、连续完整，而又嬗变更新、形态各异，表现了中华文化生命自我延续与自我更新的高度统一。近百年来，情况要复杂得多。古老的中国从传统文化中继承下来的价值观念、思维方式、行为规范等等，与现代文化观念发生了激烈的碰撞。例如，现代社会的网络结构同封建传统观念的冲突，贯穿于网络型社会结构之中的平等原则同传统文化中的等级观念的冲突，现代社会民主法治的要求同传统文化中人治主义的冲突，个性全面发展与共性消融个性的群体原则的冲突，物质利益原则与道德中心原则的冲突等。这种情况表明，在自然经济、农业宗法社会中积淀起来的中国传统文化，面临着自我更新、再造人文的历史使命。

（三）认同性与适应性

任何一个国家、一个民族的文化，在其发展过程中，都经常出现这样一种矛盾运动：一方面它要维护自己的民族传统，保持自身文化的特色；另一方面它又要吸收外来文化以壮大自己。这种矛盾运动，文化学上称为"认同"与"适应"。

斯大林说："民族是人们在历史上形成的一个有共同语言、共同地域、共同经济生活以及表现于共同文化上的共同心理素质的稳定的共同体。"可见，任何民族都有与其他民族相互区别的文化传统。文化传统是一个民族世世代代积累而成的精神财富，是一个民族发展动力接连不断的源泉。文化传统可以造就一个民族的自尊心、自信心、自豪感和自强精神。有了文化，一个民族在遇到历史挑战时，就有可能激发民族活力，解决面临的复杂问题，使民族浴火重生。

立足于新时代实现中华民族伟大复兴的历史使命，中华民族文化认同绝不是向传统文化的全面复归，而是立足现实，从传统文化中汲取可以为今天所用的东西。鲁迅说："夫国民发展，功虽有在于怀古，然其怀也，思想朗然，如鉴明镜，时时上征，时时反顾，时时进光明之长途，时时念辉煌之旧有，故其新者日新，而其古亦不死。若不知所以然，漫夸耀以自悦，则长夜之始，即在斯时。"鲁迅对于"怀古"与"创新"的辩证分析，至今仍不失为我们文化工作的指针。

一般说来，当一个民族处于封闭状态，与外域文化不发生任何联系的时候，不存在适应性的问题。只有当它与异民族发生交往、特别是激烈冲突的时候，发展阶段较低的民族文化才有一个如何适应发展阶段较高的民族文化的问题。文化发展的规律是一个民族的文化只有遇到更先进的文化，在冲突与融合中才能更新发展。所以说，外部刺激乃是文化发展的必要条件。

总之，认同与适应是辩证的关系，认同不是全面的认同，适应不是消极的适应，应当把它们有机地统一起来，既要保持民族文化的优良传统，又要广泛吸收外来文化的优秀成果，而最终以建设社会主义新文化、提高中华民族的科学文化水平为依归。这实际上就是"古为今用""洋为中用"的原则，这才是马克思主义的文化辩证法。

（四）融合性与创新性

关于中国文化建设的具体道路，五四运动以来议论纷纭，概括地说，中国文化的发展有三条道路：第一是故步自封，因循守旧，以大国自居；第二是全盘西化，完全抛弃固有的文化传统；第三是主动吸收世界的先进文化成就，同时保持民族文化的独立性，发扬固有的优秀传统，创造自己的新文化，争取与发达国家并驾齐驱。方克立概括说自由主义的全盘西化派、保守主义的儒学复兴派、马克思主义的"综合创新"派，这三派是文化讨论中三个最主要的思想派别，其中"综合创新"派的主张可谓独辟蹊径。这一主张不仅有辩证法的世界观、方法论的支持，而且也是先进的中国人长期缜密思考的结果。在五四运动的洗礼下，中国的马克思主义者也相继提出了古今中西文化辩证综合的思想。洋为中用、古为今用。把古代的变为自己的和现代的结合起来，把外国的变为自己的和中国的结合起来，这样看问题才是马列主义的方法。同一个文化系统中，既有相容并且不可离的许多要素，它们之间的相辅相成、相互补充，是这个文化系统保持相对稳定不变的机制。同一个文化系统中，也有不相容或者可离的许多要素，前者隐伏着导致系统崩溃的契机，后者则可以成为代之而起的新系统的要素。这既是它们各具有相对独立性的根据，也是它们可以互相吸收互相融合的根据。正是基于这样的认识，马克思主义的"综合创新"派既反对东方文化优越论，也反对全盘西化论，而主张兼取中西文化之长，融会贯通而创造新的中国文化。

无论对于中国古老的文化系统，还是对于西方文化系统以及其他民族的文化系统，都应该加以科学分析，对于当代中国两个文明建设有益的就"拿来"，无益的就舍弃，有害的就加以批判肃清。这样就能够像百川汇海一样，吸纳各个文化系统的优长，建立古今中西文化的互补结构。这不仅是优化的组合，而且是创造性的工作。通过这样的工作，中国文化一定可以实现质的飞跃，实现创新。

第二节 水 文 化 概 述

水文化是由"水"和"文化"构成的一个词汇。探讨水文化的内涵与本质，除了要考虑文化的内涵与本质外，更要关心"水"在这里表达的内涵与本质。

一、水文化概念的提出

水，是自然的元素、生命的依托。以它天然的联系，似乎从一开始便与人类生活乃至文化历史形成了一种不解之缘。纵观世界文化源流，是水势滔滔的尼罗河孕育了灿烂的古埃及文明；幼发拉底河的消长荣枯的确明显地影响了巴比伦王国的盛衰兴亡；地中海沿岸的自然环境，显然是古希腊文化的摇篮；流淌在东方的两条大河——黄河与长江，则滋润了蕴藉深厚的中原文化和绚烂多姿的楚文化。由此可见，因为水与人类生存和发展、治国安邦、经济社会的联系十分密切，所以，水成为重要的文化载体，从而产生了水文化。

在我国，水文化作为专用的学科或学术词汇，其出现的时间并不长，应该是在20世纪80年代后期才出现。1989年，李宗新发表了一篇《应该开展对水文化的研究》的短文，是目前能查到的首次提到"水文化"一词最早的文章。同年，他还发表了另一篇短文《漫谈水文化》。之后，1989年末，《治淮》杂志社和淮河记者站联合发出了一份关于筹备水文化研讨会的倡议，从而拉开了我国"水文化"探讨与研究的序幕。

水文化，作为文化领域的一个重要组成部分，已逐步成为全国乃至全球关注的热门话题。2006年，联合国第十四个世界水日的主题就是"水与文化"。水文化之所以越来越受重视，这是因为在当今社会，人与水的矛盾、人类所面临的水问题，比以往任何一个时代都更为突出。为了实现人水和谐，除了科技手段之外，还需要借助文化的视野进行思考和定位。特别是2014年，习近平总书记提出"节水优先、空间均衡、系统治理、两手发力"治水思路，为新阶段水利高质量发展提供了科学指南和根本遵循。水利事业的发展需要以习近平关于治水的重要论述来统领，需要以先进文化和科学理论来引领，形成新的工作思路，开创新的局面。加强水文化研究和建设正是适应了现实社会的客观需求。

二、水文化的发展过程

水文化的形成和发展经历了由萌芽到成熟、由经验到理论、由单一方面到综合建设的过程，大致分为三个阶段。

（一）第一阶段：萌芽阶段（20世纪80年代以前）

人类在相当长的历史时期内，为了生活和生产的需要，开始对水的特性、数量、规律进行认识、观察，并在一定程度上对水的特点和规律进行了定性描述、经验积累、推理解释、理论研究和应用实践。但是，由于对水文化的重视不够、认识不足，对水的认识和应用还没有上升到水文化的高度，于20世纪80年代才正式提出水文化一词。因此这一漫长的发展过程是水文化的起源或萌芽阶段。

（二）第二阶段：形成阶段（20世纪90年代至21世纪初）

随着20世纪80年代末期提出水文化一词以后，很多学者开始研究水文化，不断涌现出一些具有标志性的论著和其他成果，对水文化的认识越来越深刻，也越来越全面，逐步形成了水文化研究学科体系。

（三）第三阶段：兴起阶段（2011年至今）

随着我国政府和社会公众对水文化的日益重视，特别是我国提出加强社会主义文化建设的目标，促进了水文化的蓬勃发展。水利部于2011年11月颁布《水文化建设规划纲要（2011—2020）》，这是在《中共中央关于深化文化体制改革、推动社会主义文化大发展大繁荣若干重大问题的决定》的指导下，根据《中共中央 国务院关于加快水利改革发展的决定》和中央水利工作会议的总体要求，作出的关于加强水文化建设的具体部署，努力构建符合社会主义先进文化前进方向、具有鲜明时代特征和行业特色的水文化体系。从2014年起，水利部每年印发"水利精神文明与水文化建设工作"相关要点和工作安排；2019年2月，水利部印发《新时代水利精神的通知》，这些都有力促进了水文化研究和建设，掀起了水文化研究和建设的热潮。

三、水文化的概念界定

水养育了人，给人类带来恩惠。而人类繁衍生息、创造文化，离不开水的滋润和哺育。准确界定水文化是水文化研究和水文化建设的前提，也是构建水文化理论体系的基石。因为对"文化"概念界定的多样性和不确定性，所以对"水文化"概念的界定也具有多样性和不确定性。目前，对"水文化"概念界定已有数十种，其中绝大多数都有一定道理，都有科学性。对"水文化"概念的认识，有一个不断认识和逐步深化的过程。在认真研究已有的"水文化"概念界定的基础上，本书采用的是水文化研究的倡导者李宗新对"水文化"概念的界定：水文化是水与人们生活和社会生活的各个方面发生联系的过程中，人们以水为载体，在各种水事活动中，创造的物质财富和精神财富的总和。这是属于广义水文化的界定。狭义的水文化是指人类在与水打交道的过程中创造的精神财富的总和。

由上述水文化的概念可以看出，水文化的本质特征是人与水之间的关系，以及人水关系影响下的人与人、人与社会之间的关系。理解这一本质特征的含义，应着重从以下三个方面加以把握。

第一，人与水产生联系是水文化产生的根本前提。

水作为一种自然资源，自身并不能生成文化，只有当人类在与水相伴、相争、相和的过程中，与水产生了诸如亲近、崇拜、利用、保护、节约以及鉴赏等方面的观念和行为，有了对水的认识和思考，才会产生文化。

需要强调的是，创造水文化的主体是人，产生水文化的源泉是涉水活动。只有当人类与水发生了关系，有了对认识和开发利用等方面的实践活动，才会产生文化。同时，作为自然物的水，通过"人化"打上人文的烙印后，才能构成丰富的文化资源，包括物质的——经过人工打造的水工程、水环境、水工具等；制度的——水法律法规以及组织形态、运行机制、管理体制等；精神的——水哲学、水科学、水宗教、水文艺等。同时，这些产生于人水关系中的张力十足、特色鲜明的文化成果，又反过来发挥"化人"的作用，人们从这些文化成果中不断汲取水文化的养分。

第二，人与水的关系必然会扩展为人与人、人与社会之间的多方关系。

由于水与人类的生产生活息息相关，而水资源在时空分布上又不均匀，往往水多形成洪涝，水少导致旱渴，水脏引起污染等问题，因而在处理水多、水少、水脏等矛盾和问题时，所秉持的观念、采取的手段必然会影响人与人、人与社会的关系。比如在防洪上，面对特大洪水，通过科学调度向蓄滞洪区分洪，牺牲小我、保全大局，以最大限度减少洪灾损失。再如在水资源开发利用上，量力而行、取之有度，既统筹兼顾江河上下游左右岸生产、生活用水之需，又给江河留出足够的生态流量，以维持其健康生命，既满足当下用水的需求，又不对后世可持续利用水资源造成伤害和影响。上述这些情况无疑是良好的、友善的人水关系及人与人、人与社会之间的关系。而在防洪上筑"曲防"以邻为壑，在灌溉供水上"东周欲为稻，西周不下水"等行为，表现出的则是恶意的、敌对的人水关系及人与人、人与社会之间的关系。

由此看来，人在构建人水关系的过程中，有能动性的一面，同时也有受动性的一面；人水关系的构建、维护、改良和完善，是人的主观能动性与客观受动性的连接、权衡或博弈。人们在人水关系的构建、维护、改良和完善的实践中，在能动—受动的连接、权衡或博弈中，自觉不自觉地形成产生和创造了形式丰富多样内涵复杂广博的水文化。反过来说，水文化，追根溯源，就是基于人的能动—受动的连接、权衡或博弈之上的，涉及人水关系的构建、维护、改良和完善的实践活动创造的结果。只有人们自觉地遵循人水和谐共处的客观规律和文化发展规律，才能实现人水关系的全面协调可持续发展。

第三，人与水的关系具有丰富性和广泛性。

水是生命之源，与人类的繁衍生息关系十分密切。水文化历史悠久并将贯穿于人类社会发展的始终——人类早期的历史可以没有钢铁、煤炭、石油等资源，但须臾离不开水——没有水，人类就失去了生存与发展的物质基础，也就谈不上繁衍生息和创造文明了。人类在与水相依、相争、相和的过程中，创造出丰富多彩的水文化，在政治、经济、哲学、文艺、科技、军事、体育以及宗教信仰、民风民俗等各种文化现象中，无一不蕴含着水文化的元素；而人类创造的诸如茶文化、酒文化、垂钓文化等方面中，亦或多或少烙上了水文化的印迹。从上述意义上讲，水文化具有"母体文化"的性质。

四、水文化的分类

根据不同的分类方法，水文化有不同的类型。

（一）按照文化层面结构来划分

这种分类方法是从文化的分类方法延伸而来的。文化可以分为物态文化、行为文化、精神文化（有时又称为制度文化、心态文化）。参照文化层面结构，可把水文化分为物质水文化、精神水文化、制度水文化、行为水文化。

（1）物质水文化。指人类在与水打交道的过程中所形成的一切物质生产活动及其产品的总和，是水文化中可以具体感知的，摸得着、看得见的东西，是具有物质形态的水文化事物。比如，水体、水环境、水景观、水工程、水工具等。

（2）精神水文化。指人类在与水打交道的过程中产生的一种人类所特有的意识形态的集合，主要包括水哲学、水精神、水文艺、水著作、水风俗等。精神水文化是人的精神食粮，孕育人的精神家园，决定人的精神状态、精神生活，是水文化的核心。

（3）制度水文化。是指劳动者与劳动对象、人与物、物质与精神相结合，指导和规范人们行为的水文化。包括与水有关的法律法规、风俗习惯、宗教仪式及社会组织。从西汉的《水令》《均水约束》到今天以《中华人民共和国水法》（简称《水法》）为代表的一系列水利法律法规，都深刻反映了不同时代的社会关系、生产方式、行为准则和制度模式。

（4）行为水文化。指人们在生活方式、实际行为、对水态度等方面形成的水文化。人们在与水有关的生活、工作之中所贡献的、有价值的、促进文明以及人类社会发展的经验及创造性活动，都属于行为水文化，主要包括饮水、治水、管水、用水、亲水等方面的文化。

（二）按照地域不同来划分

这种分类方法是按照地理空间单元划分不同区域，研究该区域的水文化。

（1）流域水文化。是按照流域单元为空间形成的水文化。流域文化是世界古代历史文化、世界文明的发源地。同时，流域也是水资源形成、转化空间界限比较明晰，水资源使用、管理普遍采用的空间单元，因此也是常用的地域水文化。比如黄河水文化、长江水文化、淮河水文化、松辽流域水文化、南运河水文化、都江堰水文化、汉江襄阳段水文化、渭河水文化。

（2）区域水文化。是按照某一区域单元为空间形成的水文化。"区域"空间的行政管理界限比较明晰，人文特征在空间上分布表现比较明显，反映一定的水文化特征。比如东南亚水文化、江南水文化、浙江水文化、河南水文化、广东水文化、安徽水文化、四川水文化、绍兴水文化等。

（3）城市水文化。是以城市为主要特点的区域水文化（可以作为区域水文化的一个特殊类型）。与一般区域水文化相比，城市水文化主要表现为高人口密度区、高强度人类活动区、用水集中区，城市水景观比较丰富。比如济南水文化、广州水文化、淮安水文化、聊城水文化、无锡水文化、西安水文化、武汉水文化、徽州水文化、北京水文化等。

（4）民族水文化。是以某民族为主形成的地域水文化。主要表现为以民族为纽带，形成的有民族特色的水文化。比如西双版纳傣族水文化、帕米尔高原塔吉克族水文化、云南迪庆藏族水文化、蒙古族水文化、哈尼族水文化等。

（三）按照时代不同来划分

这种分类方法是按照水文化形成的不同时代来划分具有不同时代特征的水文化。根据时代不同，可以划分出很多个不同时代的水文化类型，大到一个朝代甚至多个朝代或地质年代，小到几十年或几年。比如，《中华水文化概论》一书中介绍的中华水文化包括史前时期的水文化、春秋战国时期的水文化、秦汉至南北朝时期的水文化、隋唐至两宋时期的水文化、元明清时期的水文化、近代史时期的水文化、新中国时期的水文化。

（四）按照水事活动类型来划分

这种分类方法是基于水利职工水文化培训和学习的考虑，主要从水事活动类型的角度来划分水文化类型。本书基于这一方法把水文化划分为：水利建设的水文化、城市建设的水文化、农业发展的水文化、旅游发展的水文化、防灾减灾的水文化、生态保护的水文化。这种分类基本反映了目前与水文化有关的不同行业或工作内容的类型，很容易让水利工作者把水文化与本职工作联系起来，更便于水文化的学习和推广。

五、水文化的特征

就水文化的特征而言，历史悠久、博大精深的水文化至少有社会性、地域性、民族性、时代性、实践性等主要特征。

（一）社会性

水的问题是全社会极为关注的重大问题，水与社会生活的各个方面都有十分紧密的联系，因此水文化首先是一种社会文化。水孕育了人类社会，自有人类的社会活动就有水事活动，就有水文化的存在。参与水事活动的不仅有广大的人民群众，还有历代的帝王将相和各方社会人士；不仅有广大的水利工作者，还有思想家、科学家和文艺工作者等，这些人员都积极地参与和创造了中华水文化。水文化建设的重要任务是增强全社会的水意识，培育人水和谐的生产生活方式。

（二）地域性

地域水文化或称文化区，是水文化在空间上的分布，一般指具有相似文化特征和生存方式的某一区域。这个区域大到不同的国家或地区，小到不同的村落都有不同的文化特征。中华文化一般分为几大文化区，这些大文化区许多都以江河命名，如黄河文化区、长江文化区、珠江文化区等。这些大的文化区都包含丰富的水文化，不同地域水文化既有共同的地方，也有不同的地方。从水行业的角度研究地域水文化，主要阐明黄河、长江、淮河、海河、珠江、松花江、辽河等流域和各内陆河流域水与经济社会发展的关系，阐明流域治理中形成的水文化。研究不同地域的水文化的目的在于了解不同地域的文化特征和中华水文化的多样性。

（三）民族性

民族是人们在历史上形成的有共同语言、共同地域、共同经济生活以及表现于共同文化上的共同心理素质稳定的共同体。由于不同民族居住地相对比较集中，就会形成共同的心理特征和生活方式，从而形成具有自身特征的水文化。中华水文化中包含具有不同民族特点的水文化。不同的民族由于自身所处的文化环境和区域不同，在水文化的内容和形式上也是多样的，例如傣族、阿昌族的泼水节、藏族的沐浴节、白族的春水节等民族节日以及放河灯、迎河神、龙王庙祭等宗教仪规，这些风俗都反映了不同民族水文化的特性。研究不同民族的水文化的目的在于了解不同民族的文化特征和中华水文化的多样性。

（四）时代性

时代性是指水文化在时间上存在的基本形式。任何文化都是历史的积淀和传承，是当时社会政治、经济状况的反映，都有时代的烙印。不同历史时期的水文化有不同的特征。就中华水文化而言，不同时代的水文化是以中国历史和中华文化发展史为大背景，以中国水利发展史为线索划分的。研究不同时代的水文化旨在了解中华水文化悠久的历史和发展轨迹。

（五）实践性

水文化来自广大人民群众的实践活动，又对广大人民群众的实践活动有着重要的引领作用。如对人们思想道德素质的提高、全民节水爱水生产生活方式的培育，水利方针的制定、治水思路的形成、水工程文化品位的提升等方面都有重要的指导作用。

六、水文化的主要功能

水文化功能，是指某一事物或某种方法所发挥的有利作用或效能。水文化的功能主要有以下几个方面。

（一）引领功能

作为意识形态的文化是来自实践而高于实践，因而能指导实践。先进的水文化包括科学的水理论、治水思路、先进技术等；包括水利工作的方针、政策等。这些对水利事业的发展都有重要的引领作用。联合国教科文组织前总干事松甫晃一郎说："水资源的管理与治理，要充分考虑到文化与生物的多样性，水实际上有强大的文化功能。尽管科学技术对于了解水循环和利用水资源至关重要，但是，科学技术需要适应具体环境，并且反映人民的需要和期盼，而这些要受到社会和文化因素影响。水资源管理本身应该视为一种文化进程。"由此可见，先进的水文化对水利事业的发展有着重要的引领作用。只有可持续的文化力量，即可持续的精神动力和智力支持，才有水资源的可持续利用和经济社会的可持续发展。

（二）教化功能

教化功能即教育和感化的功能，这是一切文化的基本功能。"文化"就是以"文""化"人。水文化的教化功能主要表现在以下几个方面：一是提高人们的思想道德素质。水文化作为一种观念形态的文化，对人的思想观念、道德情操、精神意志、智慧能力等方面有着潜移默化的影响。千百年来，中华民族在认识水、治理水、开发水、保护水和欣赏水的过程中，领悟出许多充满智慧的哲思。水这种自然物质的许多特性，能给人们勇敢、坚定、包容、灵敏、趋下、公平、意志、礼义等启迪作用，对人们美德的形成具有重要的塑造作用。二是提高人们的科学文化知识素质。科学文化知识是水文化的重要内容。我国几千年的治水实践积累了丰富而先进的水利科学文化知识，长期以来一直走在世界的前列，我们应该通过传授加以继承和发展。当今，知识、智力等无形资产成为资源配置的第一生产要素，要求更加增强人们的文化意识，转变观念，统一思想，把发展水利事业从依靠有形资产为主，逐步转移到依靠智力、知识等无形资产上来，应用高新科技来武装现代水利，推进水行业现代化建设。这些都是发展现代水文化的客观要求。三是增强全社会的水意识。水意识包括爱水、惜水、护水和水患意识。水与社会进步与经济发展的关系极为密切，与人民生活息息相关。水文化不仅是水利行业的文化，更是全社会的文化。通过水文化的弘扬，呼唤全社会都来进一步关注水、珍惜水和保护水资源。这是一件迫在眉睫而又漫长艰巨的任务。

（三）规范功能

水文化的功能是指规范实践层面水文化行为的功能。主要包括两方面的内容：一是法律法规、条例、规章、制度办法等强制性行为规范，这些都是水文化中制度文化功能的集中体现，这是一种非情感、超意志的强制性的规范功能。这种水文化的规范功能不仅规范从事水事活动人们的行为，而且是要求全社会的人都要共同遵守，如中华人民共和国的公民都要遵守《水法》。二是人们遵循长期以来在水事活动中形成的基本道德、习惯、行为准则以及对水和水利的价值判断标准，这是一种情感、意识的内在强制性的规范功能。例如我们广大水利工作者，为了除水患，兴水利，造福人民，长期自觉艰苦奋斗在水利战线上，为发展我国的水利事业默默奉献。又如我们广大的水文工作者每到汛期，越是风高浪急越是要去测水位，查汛情，这些都成为水利职工在长期的水事活动中形成的基本道德规范和行为。

（四）审美功能

审美是一种欣赏美和创造美的实践活动，是一种满足人们精神需要的心理活动。这里主要从水环境和水工程两个方面看水文化的审美功能。从水环境看，水确实能为我们创造许多无限美好的境界。茫茫的海洋，滚滚的江河，潺潺的涧溪，飞挂的瀑布，粼粼的湖荡，清澈的山泉，构成了地球上千娇百媚的"水体"景色，与自然和人文等要素组合成奇妙多彩、文雅别致的风景名胜，给人以美的享受。从水工程上看，过去我们常常是只重视水工程技术层面，而忽视工程本身的艺术效果，因而造成大量水利工程的建设千篇一律，很难找到具有标志性意义和象征意义的水利工程建筑设施。随着我国人民物质文化生活水平的不断提高，人们对水工程、水环境在满足除害兴利要求的同时更加重视其文化功能，提高了亲水、爱水、戏水的文化需要。在此情况下，我们在水工程的建筑设计中，应该更新设计和建设观念，更加注重水工程的文化内涵和人文色彩，既要融汇中国传统水利文化的精髓，又要富有时代气息，展示艺术魅力，还要符合中国老百姓喜闻乐见的形式，形成中国特色的水利工程建筑风格，彰显中国当代水文化和建筑文化的绚丽色彩。使每项水工程成为具有民族优秀文化传统与时代精神相结合的工艺品；成为旅游观光的理想景点、休闲娱乐的良好场所、陶冶情操的高雅去处，满足人们亲水、爱水、戏水、休闲、娱乐等文化的需求。为美化人们的生活，提高人们的生活质量，提供优美的环境。

第三节 学习本课程的意义和方法

"水文化概论"课是一门融专业性、知识性、综合性和实践性于一体的课程。只有明确学习这门课程的重要意义，掌握科学的学习方法，把学习和实践结合起来，才能取得良好的效果。

一、学习本课程的重要意义

（1）有助于继承弘扬中华民族精神。中华水文化博大精深，历史悠久。水文化作为中华传统文化的重要组成部分，对人们思想观念、道德情操、意志品质的养成，发挥着潜移默化的作用。道家的"上善若水"、儒家的"智者乐水""君子以水比德""水能载舟、亦能覆舟"等水思想，已成为中华民族宝贵的精神财富，激励着一代又一代中华儿女为国家富强、民族福祉而拼搏奋斗。学习领会习近平总书记关于继承和弘扬中华民族优秀文化的重要讲话精神，最核心的就是学习和弘扬水的奉献精神、水的坚忍不拔精神、水勇往直前的奋进精神、水凝心聚力的团结精神。因此，开展水文化教育，既是利用水文化资源培育人、塑造人，发扬人文精神，提升公众精神境界的一种重要形式，更是建设和谐社会，弘扬中华传统文化和民族精神的重要内容和途径。

（2）有助于强化人水和谐理念。水是人类赖以生存的物质基础，水文化在华夏五千年文明历史中占据着重要的地位，是人类文明的基石，是人类文明史上光辉灿烂的一页。中华水文化的精髓是人水和谐。当前，在多元的社会架构中，我们更应该把和谐理念融入水文化建设的全过程，遵循自然规律，注重生态文明建设，千方百计实现人与河流、人与水、人与自然的和谐相处，让水清澈长流。因此，通过水文化教育，知识育人、理念育人、管理育人、服务育人、环境育人，大力倡导人与人、人与社会、人与自然的和谐相处，重点强化人水和谐理念，推进水生态建设，培养每个公民亲水、爱水、节水、惜水的意识，养成全社会良好的水文化行为，形成人人"安全用水、节约用水、生态用水、文明用水"的良好氛围，促进资源节约型、环境友好型社会建设，积极推进生态文明建设。

（3）有助于提升学生综合素质。大学生素质教育的一项重要内容就是文化传统和人文精神教育。在水利高职院校中，对学生实施水文化教育是素质教育的一项重要内容，有助于培养学生的水利情怀，培养学生"兴利除害，造福人民"的行业思想、"科教兴水"的行业职责。加强水文化教育与实践，实行文理科相互渗透、科学技术和人文精神相互交融，既可以拓宽水利水电类专业的学科领域，提高专业学习兴趣，又可以向人文社科的研究方向拓展。这有助于提高学生的综合素质，从而为水利工作发展提供高素质人才。水文化教育的开展，能够进一步增强水利事业接班人的认同感、归属感，既能承接历史，又能面向未来；既能凝心聚力，又能居安思危，使广大学生始终以水利发展为己任，积极投身于实现中华民族伟大复兴的建设中。

（4）有助于推动水利事业发展。水利事业关系国计民生。随着我国经济社会的快速发展，我国水利事业正在实现传统水利向现代水利的转变，工程水利向资源水利的转变。同时，人们对水利文化的需求不断增多，水利在国民经济和文明进步中的地位更加重要。我国水利领域高等教育的根本任务是为社会主义事业培养合格的水利水电事业建设者和接班人。加强水文化教育，无疑将会有力地促进水利领域重要理念的提升，推动全社会对水利事业发展的高度关注，更是立德树人、培养和造就更多高质量水利事业建设人才的重要动力。

二、学习本课程的基本方法

（1）注重学习科学理论。这里所说的科学理论，就是马克思主义的基本原理，就是马克思主义的立场、观点和方法。这是构建本课程的理论基础和贯穿本课程的灵魂，也是学习本课程要把握的重点。在学习中，同学们既要注意学习和掌握教材中的理论，更要着重把握基本的立场、观点和方法，并用来分析纷繁复杂的水文化现象，认识并解决学习中的问题。

（2）注重学习和掌握水文化基本知识。本课程包含着丰富的文化知识、水文化知识。学习本课程要注意汲取和把握这些理论成果，加强自身文化素养，提高精神境界。要在学习好本书的基础上，广泛学习其他方面的知识，扩展自己的知识领域，不断提高自己的文化水平。

（3）注重联系实际。理论学习只有联系实际，才会生动而具体。本课程的内容来源于现实生活，又对现实生活具有指导意义。同学们在学习中一定要密切联系我国水利改革发展的实际，密切联系自身的专业学习和生活实际，真正领会和掌握本课程的主要内容和精神。要积极主动地向人民群众学习、向模范人物学习、向身边的榜样学习，从实际生活中汲取丰富的精神营养，在社会实践中加深对水文化丰富内涵的理解。

（4）注重学以致用。本课程的内容具有鲜明的实践性。学习本课程要把知与行结合起来，把学习与践履结合起来，把学习规范与遵守规范结合起来，把知识转化为内在素质。加强水文化修养是知、情、意、行辩证统一的过程，只有通过个人的主观努力和亲身实践，在学中做，学以致用，不断增强自我教育、自我约束、自我激励的能力，慎独自守，防微杜渐，才能实现提高自己水文化素质的学习目的。

第二章

物质形态水文化

中华水文化博大精深，有一个彼此交错联系、具有科学体系的内在结构。水文化的基本结构可以有多种方式构成。现仅从不同形态来介绍水文化的主要内容。

文化层次学理论认为，对文化的研究是通过各类文化层面对比，划定文化层单元界线的。文化层面对比是解释文化史和文化学许多理论的基础。1986年，我国著名学者庞朴提出文化结构三层次的观点，把文化整体视为立体系统，分为外层物的部分、中层心物结合部分和核心的部分。借鉴上述理论，我们把水文化的基本内容分为物质、制度、精神三种形态的水文化。本章介绍物质形态水文化。

物质形态水文化，指的是以直观形态存在的水体以及与水事活动有关的实物形象所体现的文化内容，主要包括水工程、水环境、水景观及水工具等，它们都具有可视、可触的物质实体，又融入了人类的体力和智力劳动，是水文化最直观的表现。

第一节 水工程文化

水工程文化泛指水工程建筑及其开发利用过程中所承载的文化内涵。古今的一切水工程建筑都是当时一定政治、经济和社会发展的产物，其设计、施工、造型、工艺和作用都凝聚着不同时代人们的知识、观念、思想和智慧，都在一定程度上满足了当时生产发展和人民生活的需要。历史上的著名水工程往往成为其所在区域乃至国家水文化的重要载体，如都江堰、京杭大运河、三峡工程等水利工程都体现了深厚且富有地域和历史特色的文化底蕴。古代水利工程，因为缺少高科技的支撑，更能体现出古人的生存智慧和文化内涵。

一、水工程与水工程文化

（一）水工程

水工程通常称为水利工程，是人类为了克服与水的矛盾而创造出来的物质实体，旨在除水害，兴水利。历史上任何一项水工程都是一定政治、经济和社会发展的产物，都在一定程度上满足了当时生产发展和人民生活的需求，也体现了工程组织者和参与者的知识、观念、思想、智慧。一些著名水工程因此而成为水文化的重要载体，其形象、文化内涵具有人文教化功能，对人的意识、感情产生影响，在精神文明建设中发挥着积极的作用。

（二）水工程文化

水工程文化是指古今的一切水工程建筑的设计、施工、造型、工艺和作用等各种文化元素的总和。一切水工程都凝聚着工程组织者和参与者的知识、观念、思想、智慧，因而是水文化的一种直观的、重要的载体。水工程文化，是水工程的灵魂，决定水工程的内涵和品位。

水工程文化，既包括物质形态的文化，也包括物质实体之中蕴含的制度内容和精神创造物。认识一项水工程时，不仅要看到它的物质材料、科技手段、人工劳动，还要看到其中的文化内涵。文化是人类社会的基因，也是水工程的灵魂，有文化的水工程才是完整的乃至完美的水工程。

二、水工程文化的内涵和品位

（一）水工程文化的内涵

"内涵"作为哲学名词，是指事物内在因素或元素的总和。"文化内涵"是指社会现实事物（人物、物品、事件、节日）内在蕴含的文化意味。水工程作为一个社会事物，其文化内涵包括"显性文化"和"潜在文化"。"显性文化"，即工程本身呈现的直观的文化内容，如工程的自然背景、建筑物造型和色彩、外在标识等。"潜在文化"，指的是水工程中包含的文化元素及其特性、意义等诸多方面内容。

水工程本身就是人类文化的产物，绝对没有文化内涵的水工程是不存在的，差别在于文化内涵的多少。在工程区域内树几块牌子，写几句标语口号，也不能说不是文化，但没有韵味，文化内涵明显稀薄和单调。如果只求工程技术上的合格而无视文化内涵，就好像一个人身体健壮，但言谈举止粗俗，缺乏文化修养一样，精神上是有明显缺陷的。

（二）水工程文化的品位

"文化品位"的概念大抵相当于"文化价值"的概念。如果说文化内涵重在"内容"，那么文化品位主要体现为"质量"。一场粗俗的娱乐性演出，与一场经典音乐会，尽管各有其内涵和市场，但其文化品位却不能等量齐观。水工程文化的品位即水工程文化内容的水准、档次，它们有高低之分。优秀的水工程不仅具有丰富的文化内涵，而且具有较高的文化水准，经得住时代检验，经得起多数人的评价。

认识水工程文化的品位不能脱离水工程的特殊性，即不能忽视水工程与其他工程之间的差异性。水工程属于土木工程一类，通常会用建筑文化的标准衡量水工程文化。应当说，两者有相似之处，其差异性在于：水工程从古到今都是"有用之物"，永远都是功利目的占首位，而不像有的建筑那样将形式美因素、观赏效果、艺术氛围等作为建造的首要目的，不可能追求如央视新大楼、广州电视塔那样的艺术效果，不可能远离实用目的而追求进入纯粹艺术美的范畴。水工程的基本功能是行水、承载水、兴利除害，其文化品位是在实现物质功能的基础上追求物质材料、物质条件与物质手段的统一，达到"美"与"真"的统一；在安全、实用的前提下追求有意味、耐观赏、耐品评，体现"美"与"善"的统一。在保证实用功能的前提下，既有"悦目"的视觉效果，又有"赏心"的精神陶冶作用，这样的水工程，就可称为具有较高文化品位的水工程。

从现实状况来看，水工程未能达到应有的文化品位，既有客观原因，也有主观原因。客观原因主要是社会现实条件（经济能力、物质材料和技术能力等）的制约，一些水工程往往无法顾及工程的文化内涵和品位。主观原因是人的意识的影响，又可分为两类：一类是工程理念的滞后。长期以来，水工程的实用功能被视为唯一追求，在物质条件具备的前提下，观念上仍然忽视水工程的精神文化属性，建造过程和建造成果简陋、粗糙、粗放。另一类是文化观念偏离正轨。在现代社会，水工程不仅仅是满足人类对水资源需求的基础设施，更是承载着丰富文化内涵和审美价值的载体。然而，由于文化观念的偏离，许多水工程在设计和建设过程中往往忽视了与自然环境的和谐共处，缺乏对历史文脉的尊重和传承。这种现象导致了水工程在形式和功能上的单一化，使其失去了应有的文化魅力和教育意义。

（三）水工程文化的主要构成元素

水工程文化是在各种水工程兴建和管理中所融入和创造的各种文化内涵或文化元素的总和。分析水工程文化的主要构成元素，旨在阐明水工程文化存在于哪些方面，以便明确提升文化内涵和品位的努力方向。水工程文化的内涵和品位，可通过某个元素体现，也可以是多种元素形成"合力"的结果。

1. 精神意蕴

精神层面包括水工程实体之中蕴含的哲学观念、科技思想、时代精神等。这些精神层面的内容往往并不直接呈现在水工程的表面，可以一眼发现，但也不是虚无缥缈的抽象之物，了解和熟悉该项工程的人都能够从中获得精神的启迪和感染。如古代著名水工程都江堰，从选址、建造到管理，都体现了"天人合一，道法自然""因势利导""顺势而为"的哲学理念。都江堰的建成，不仅发挥了重要的社会效益，使原来饱受水旱灾害之苦的成都平原成为天府之国，而且也以其文化内涵而成为举世闻名的水文化圣地，获得联合国"世界文化遗产"称号。有时候，水工程的精神意蕴可以超越工程的物质实体而获得历史性的延伸，使得该项工程能够跨越时间和空间而广为流传。当代著名的红旗渠，工程本身的直观形象固然宏伟壮观，但修建工程过程中体现的"红旗渠精神"更加可贵，已经成为代代相传的中华魂、民族魂，是水工程文化的生动体现。

2. 生态理念

如果说精神意蕴是内在蕴藏于水工程之中的，那么生态理念就是在水工程与自然的关系之中体现出来的。任何水工程都是改造自然、造福人类的产物。水工程总是以大自然为背景建造的，必须妥善处理工程建造与自然生态的关系。成功的、优秀的水工程会在改变自然状貌与保护自然生态之间保持平衡，总是内在包含着和谐的生态理念。虽为人工营造，却能顺应自然，能够长期发挥经济效益和生态效益。

生态理念不仅体现在水工程的整体，也可以体现在水工程的局部，如河南境内黄河大堤自20世纪80年代来开始建设生态长廊，现已成为一条美丽的风光带。

江苏兴化地处苏北里下河低洼水网地区，先民们为了抵御洪水，冬天掏泥挖沟，将挖出的河泥垒成垛，垛上耕种，形成了垛田。沟渠相连，垛田之上耕种，无数块垛田漂浮在水面上，形态各异，大小不等，垛与垛之间互不相连，四面环水，形成一个网状带，既便于浇灌，又便于排涝。河里养殖鱼虾，种植菱藕。冬季水浅时把河泥挖出来肥田，既疏通河道又清洁了水源，一举多得。现在，兴化开发垛田旅游，"千岛菜花风景区"成为一种富有特色的水文化景观。可见，垛田虽是常见的农田水利工程，但体现出较好的生态效应和旅游效应。

3. 文学作品

文学作品不仅与水密切相关，也与水工程有着重要联系，很多文学作品记载和反映了水工程的特色和价值。都江堰、郑国渠被司马迁写入《史记·河渠书》，奠定了它们在历史上的文化地位。南京秦淮河是一条人工开挖的河。自南朝以来，被众多文人墨客写入文学作品。秦淮河的文化魅力很大程度上是靠这些文学作品的传播而不断增厚的。古代写运河的文学作品琳琅满目，当代写治黄、治淮工程的作品也数量众多，文学家的描写和歌咏，为水工程增添了文化内涵和品位。水工程建设者和管理者，要重视与工程有关的文学作品的价值，通过创作、发掘、整理，为提升水工程文化的内涵和品位提供助推力。

4. 艺术作品

艺术作品包括书法、绘画、摄影、雕塑、影视等，也是增加水工程文化内涵的重要因素。如一些水工程有历史名人的题词，本身已具有文学性，再加上名人书法，文化内涵更深、品位更高。20世纪50年代，安徽佛子岭水库竣工，坝体镌刻着毛泽东手书"一定要把淮河修好"的题词，郭沫若亲笔题写了"佛子岭水库"，艺术大师刘海粟亲笔书写佛子岭水库竣工纪念碑文，这些"文化徽章"为水工程增添了光辉。中华人民共和国成立以来，反映水利建设成就的摄影作品数量众多，特别是红旗渠、长江三峡工程、黄河小浪底工程等著名水工程，更是频频出现在摄影家的作品中。京杭大运河本来就是一条文化的河流，电视系列片《话说运河》的播出，更加厚了运河的文化内涵。泰州引江河职工创作的歌曲《清清引江河》，通过会议和大众媒体的传播，成为该单位的一张文化名片。实践证明，水工程建设不是与艺术无关的，而是应当与之密切结缘的。

5. 历史积淀

历史积淀既包括物质文化的遗存（如洪泽湖大堤、镇水神兽、神器等物质实体），也包括精神文化的流传（如历史记载、故事、传说等）。很多古代水工程曾被记入历史，也有的水工程遗留下来许多历代建筑和楹联、名人题咏及墨迹，这些都属于这类历史积淀。郑国渠的主体工程现已基本无存，但它特殊的建造过程和历史影响已经载入史册，经数千年流传，至今依然发射出历史的光辉，显示出文化超越物质、穿越时空的独特魅力。如杭州西湖是古代遗留下来的水工程，也是世界文化遗产。西湖的自然山水、工程实体（如苏堤、白堤）、历史遗迹是其"显性文化"，然而使西湖具有代代相传魅力的，还有它的"潜在文化"元素——历代文人墨客的轶事、故事传说等。它们与"显性文化"共同构成西湖丰富深厚的文化内涵，使西湖成为一个充满魅力的水文化场域。在提升水工程文化的过程中，要注意发掘、保护、弘扬已有的历史积淀，并努力增添新的文化元素，实现文化的创造性发展。

6. 美学特色

马克思主义有一个重要的美学观点："人按照美的规律来建造。"人类建造的水工程除了满足实际的功利需求之外，还内在地运用了超功利的尺度——审美的尺度，美学特色也是构成水工程文化内涵的重要方面。

水工程具有实体的物质造型特征。一项具有美学特色的水工程，其自身的形象给人们带来视觉美感（"悦目"），还能够结合观赏者的审美经验和文化积累，经过深思、回味、联想等心灵活动，将直观的视觉美印象推向深入，产生陶冶心灵的审美效果（"赏心"）。

美学元素除了水体本身的形象美之外，还包括以下几个主要方面：

（1）水工程建筑物的形象美。水工程建筑物主要包括堤、坝、闸、涵、桥、厂房等，它们体现了建筑艺术的美。具体体现在建筑物的结构、造型、色彩、装饰艺术（灯光及其他装饰手段等）。如浙江绍兴曹娥江大闸，造型宏伟壮丽，如长虹卧波，又融入了当地的文化元素，曾获2011年中国建筑工程"鲁班奖"。现已成为绍兴深受欢迎的旅游景点。

（2）水工程附属物的形象美。附属物指的是主体工程之外的一些附属建筑、植被、绿化、形象标识等，它们都是水工程形象的组成部分。如江苏泰州引江河工程，通过园林手法在沿河两岸进行植物配置，建成了江苏省第一条生态化、园林化的综合性水利工程，被誉为"东方莱茵河"。景区内建有标志性雕塑——飞扬的"水"字，还建造了旅游酒店——沃特龙（英语"water"与汉语"龙"结合而成的词语）大酒店。2005年，引江河工程被批准成为江苏省国家水利风景区，目前已成为重要旅游区。

（3）水工程管理中的形象美。水的美德之一是"万物就化以洁"，水总是给人以洁净、清爽的美感。现代水工程的管理，应当体现水工程文化内涵，营造水文化的氛围，追求环境整洁、优雅、宜人。管理人员具备良好素质，具有较高的管理水平和服务水平。

7. 地域特征

人类的工程建造除了按照"天时"的规律，还要利用地形、地势，在自然规律之下发挥人工的努力，"人法地，地法天"是工程文化的重要原则。在水工程建设中，不同的地域文化特色也是一个亮点。

案例2-1：新疆坎儿井和安徽徽州的"水口"

新疆坎儿井：是典型的具有地域文化特色的水工程。新疆吐鲁番地区气候干旱，降水少，当地劳动人民吸收关中地区"井渠法"的智慧，利用地下土壤含水层丰厚和坡降大的自然条件，在地下开凿暗渠，减少蒸发，有效开发利用地下水。不用提水工具，合理利用地势的坡降，引水到田边村旁，灌溉田地，供给人畜用水。坎儿井是干旱、半干旱地区人民根据当地自然条件创造的一种独具特色的水工程，地域特色鲜明，蕴含着丰富的中华水文化内涵。

安徽徽州的"水口"：也是具有鲜明徽（州）文化特色的水工程。水口，即一村统一进水的入口，建于村头或路口。徽州人视建水口为创基业，每个村落水口都是精心布局设计，是整个村中风景最美的地方。山、水、树是徽州水口的三大要素。"水口"的建造，体现了"人法地，地法天"的道理和规律，融入徽俗民情，荟萃生活情趣，使人与自然和谐，成为具有浓郁地域特色的乡村水工程。在发挥水工程实用功能的同时，还凝聚了更多的人文功能和美学特色，具有较高的文化品位。

第二节 水 景 观 文 化

景观是指可以引起视觉感受的某种景象，或一定区域内具有特征的景象；也指某地区或某种类型的自然景色，或人工创造了的景色，如森林景观。水景观是指可以引起视觉感受的某种水景象，或一定区域内具有特征的水景象；也指某地区或某种类型的自然水景色，或人工创造的水景色，如水库大坝等。

景观与文化相互影响，景观反映文化，文化塑造景观。水景观文化就是指人们通过视觉、听觉、嗅觉等可以感受到的水体环境、水岸生态环境及水体周边景观环境等方面的客体存在。水景观文化的内涵体现在水景观与人及人类社会的紧密联系和相互依赖发展的过程中，包括水景观与人类生存环境的关系、水景观对人类健康的重要性、水景观与城市发展的关系、水景观与园林的关系、水景观与文学艺术及教育的关系等。

一、水景观美

人一般都喜欢水，和水保持着较近的距离。当距离很近的时候，人可以接触到水，用身体的各个部位感受水的亲切，水的气味、水雾、水温都直接刺激着人，让人感到兴奋；当距离较远的时候，人们可以通过视觉感受到水的存在，被吸引到水边，实现近距离接触；有时候水景设置得较为隐蔽，但可以通过水声来吸引人。

（一）水景观的类型

水景观可分为点状水景观、带状水景观和面状水景观。

（1）点状水景观主要指泉水景观，泉是地下水的天然露头，泉水一般都非常纯洁而清澈，观赏涌出的清泉就是一种很大的享受，如济南趵突泉。

（2）带状水景观主要包括水平带状景观（如河流、溪流、沟渠、运河）和垂直带状景观（如瀑布）。河流景观多分布在大河上中游区，如我国长江著名的三峡景观、漓江景观。江河下游，河流展宽，河水平静流淌，呈冲积平面景观，在江河入海口景观开阔壮丽，河海景观引人入胜。溪流景观一般都流淌在森林植被茂密之处，气候宜人，景观变化丰富。沟渠景观，如都江堰、郑国渠、河套灌区。运河景观，如灵渠、大运河、会通河、通惠河。瀑布景观，瀑布别具形、声、动三态，飞泻千仞、银花四溅，自古就为无数人所折服。

（3）面状水景观主要包括湖泊景观和水库景观。湖泊是水体景观的重要组成部分，作为旅游资源具备了形、影、声、色等吸引要素。水库的水面大多很开阔，除严格保护的饮用水源外，水库是进行各种水上娱乐活动的重要场所。

灵渠位于桂林市东北66km的兴安县城边，全长34km，主要由大小天平、铧嘴、泄水天平、南北渠、陡门、秦堤等主要工程组成。在南北渠上有36处闸门，可通过启闭这些闸门来调节水位，以保证船只正常通航。秦堤筑于灵渠的南渠与湘江故溶江镇道之间，堤下1m多处开有"渠眼"，以便丰水期时可以泄洪、枯水季节则可以溢出细流灌溉农田；堤上古木成荫、美景如画，另外，还有万里桥、三将军墓、粟家桥、四贤祠、南陡阁等景观沿堤散布。

灵渠设计巧妙、工艺精湛，与都江堰、郑国渠一同被誉为秦时三大水利工程，千百年来一直是中原到岭南最便捷的通道，如今其交通作用虽已被取代，但仍然滋润着兴安县成千上万亩良田。

（二）水景观之美

水具有形象美、色彩美和音响美。水体受到自然地理环境的影响与制约，产生丰富的形象美，如水势雄浑的壮丽美，水柔质清的秀丽美，水深曲折的幽静美，水阔开朗的旷远美。水是自然色彩美最富生气的物质资源。水面映衬着周围的景物，使环境更加丰富、更有层次。如"日出江花红胜火,春来江水绿如蓝"的富春江,又如"遥望洞庭山水翠,白银盘里一青螺"的洞庭湖等。四川九寨沟高原湖泊有蓝、黄、橙、绿、紫等多种色彩。溪水潺潺,瀑声轰鸣,泉水徐徐,河水滔滔,湖水拍岸,海浪击石,各具风采,形成大自然美妙的交响乐。

说到景观之美,首先想到的词汇就是"山清水秀"。山清是指山的苍翠,是指具有生机盎然植被的山,显然是水所滋润。山清背后的水和水秀的水,是同一个水,这是水景观和它的美感的典型写照。水景观,不只是水的直观,而是水所滋润的生态世界。水景观之美,应当包括直觉之美、进化之美、协调之美和意境之美。

二、水景观与水利风景区

水景观是指以水为景形成的风景区。水利风景区是指以水域(水体)或水利工程为依托,具有一定规模和质量的风景资源与环境条件,可以开展观光娱乐休闲度假或科学文化教育活动的区域。

(一)水利风景区的类型及效益

根据水域(水体)、水利工程,以及城市水系的实际状况,水利风景区分为水库型、湿地型、自然河湖型、城市河湖型、灌区型、水土保持型共六种类型。

截至2023年年底,水利部已累计认定国家水利风景区934处,覆盖了全国31个省(自治区、直辖市)。各地涌现了越来越多省级水利风景区和更多其他层级的水利风景区,形成了涵盖全国主要江河湖库、重点灌区、水土流失治理区的水利风景区发展体系,成为我国重要的生态旅游目的地类型;此外,越来越多的水利风景区从以往只是依托水利工程或利用周边的岸地、林木风景资源的简单开发方式,转变为充分利用水工程、水环境、水文化等资源的综合开发方式,从而在发挥工程效益、涵养水源、保护生态、改善环境、推进水利经济发展、促进文化传承等方面起着越来越重要的作用。

(二)水利风景区蕴含的水文化

水利风景区是在水利工程及其水域水体的基础上形成和创造的景观。与自然风景不同,自然景观指完全未受直接的人类活动影响或受这种影响的程度很小的自然综合体,而水利风景区则是人为因素作用形成的景观,是经过人类改造了的风景。因此,水利风景区具有丰富的文化内涵,是展示水文化的很好窗口、传播水文化的得力载体、升华水文化的重要阶梯。水利旅游景区要吸引众多的游客,除了其拥有的丰富多样的自然景观和水景观外,还须有承载着深厚的人类治水历史文化内涵以及其他多种特色文化内容。

水利工程是水利工作者智慧和精神的结晶,也是水利旅游所在地域水文化的重要组成部分。从都江堰、郑国渠、灵渠、京杭大运河等古代水利工程,到三峡、小浪底、南水北调、黄河标准化堤防等现代水利工程,所有水利工程的设计、施工、造型、工艺和作用,都凝聚着不同时代人们的知识、智慧和创造。对这些水利工程建设过程中运用的科学技术及所形成的人文精神等进行深度挖掘、巧妙组合和展示,使人们在欣赏赞叹优美湖光水色的同时,能深入地了解地方治水历史和人们的治水精神。

水利风景区建设与水利工程建设密不可分,水利风景区建设是水利工程建设的延展和提升,而水利风景区则是集中展现水利工程建设成就与弘扬水文化的场所和载体。各地实践表明,水利风景区建设拓展了水利工程的功能和效益,提升了水工程文化的承载力和品位，拓宽了水利的生态服务功能，提高了水利行业的社会地位，是实现水资源可持续利用的重要措施，极大地丰富了可持续发展治水思路的内涵，推动了传统水利向现代水利转变的进程。江苏泰州市在凤凰河治理中，以创建国家水利风景区为目标，突出展现水文化，以文化长廊的形式再现民族治水史，使人在娱乐赏美之中了解、认识我国悠久的治水历史和成就，宣传展示了中华民族在调节人水关系中的聪明智慧。小浪底和三峡大坝，使人感受到浩大水利工程的功能及其承载的人类治水精神；江南古镇纵横交错的水巷和古朴摇橹小调，使人深切地体验到水环境与人类生活的息息相关以及人水和谐世界的奇妙，这些都是水利文化价值得以有效传播的良好体现。

以都江堰、三峡工程、千岛湖、十三陵水库、湖南东江湖等为代表的一批水利工程，特色显著、山水风景资源丰富、水利文化底蕴深厚、亲水休闲性强，成为国内外众多人向往的旅游观光、休闲娱乐、度假疗养、科普考察、文化体验的理想场所。这些水利风景区搭建起了向社会展现良好水生态环境的平台，使人们在享受自然风光，欣赏秀美山川和绮丽景色、怡情养性、陶冶情操的同时，切身感受到水利对支撑经济社会可持续发展、创造人水和谐生存环境的重要意义，并由此增强人们保护水利资源和环境、传承和弘扬优秀水文化的责任感和使命感。

案例2-2：陕西省嘉陵江源国家水利风景区

景区位于陕西省宝鸡市西南部的凤县，地处秦岭腹地、嘉陵江源头。围绕"山清、水美、地净"的旅游发展思路，把防洪工程与景观工程、水文化与羌文化紧密结合，通过精心设计和开发，让嘉陵江源的自然景观资源充分体现出其艺术美学价值，让嘉陵江水的生命之源充分体现出其生态健康价值，让嘉陵江畔的历史积淀充分彰显出其文化价值。

由于凤县地理环境特殊，西南的巴蜀文化、东南的荆楚文化、东北的姜炎文化形成了其深厚的文化底蕴。水利旅游借水而兴，因水闻名，透视水文化的独特魅力。并以此为依托，推动该县县域文化旅游产业的发展，塑造出一个独具特色的休闲旅游文化城镇。2022年，该县的游客接待量突破800万人次，旅游综合收入41.70亿元。如今凤县旅游已经成为宝鸡市乃至陕西省旅游界的一面旗帜。

案例2-3：浙江省绍兴水利旅游——精心提炼主题

绍兴建设的每一条较大的河流，都有着明确的主题文化。环城河突出的是两千年来形成的水城文化主题；古运河"传承古越文化，展示水乡风采"，表现的是运河文化主题，围绕水文化的"古"字做深做透；大环河展现的是生态文化和名人文化主题；龙横江反映的是帝王文化、鹿文化、酒文化主题。这些文化有着具体生动的内容，是保护和弘扬的结晶，既一脉相承，又和而不同。

曹娥江大闸枢纽工程雄姿英发，使人逸兴遄飞。闸道二十八孔，与中国古代天文的二十八星宿相互对应，与明代三江闸文脉相承。闸区范围内无所不在的文化布置，尤其是"女娲遗石、治水风采、八仙过海"等十二个景点，更使大闸成了一个诗文流韵的滨海园林。

三、水与园林

园林是一项综合艺术的建筑物。各处园林的绿树巧植、廊腰缦回、楼台亭阁、养荷种菱、长桥卧波等都具有很高的艺术价值。而水在艺术建筑中发挥着风光旖旎、景色秀丽的作用。中国最早兴建园林始于商殷，最初叫"囿"。西周时，文王建灵囿，方圆 70 里（1 里＝500m），在内筑台掘沼。《诗经》曰："王在灵沼，于牣鱼跃。"这个灵沼实际上是中国囿苑中最古朴的"观鱼池"。以后，历朝历代兴建园林的风气久盛不衰。尽管类型各不相同，但都是人类精神财富的体现。

中国园林可以分为皇家园林、私家园林和人民园林（包括纪念性园林）等，无论哪一种园林都离不开水，无水不成园林，水为园林增生气。

（一）皇家园林

皇家园林特点是开阔广大，富丽堂皇。历代帝王往往集中各地建筑中的优秀设计师、优质材料专为自己营建园林。这些皇家园林不仅体现了帝王的至高无上，更是展示国家实力与文化成就的窗口，北海公园便是其中的杰出代表。

北 海 公 园

中国现存历史悠久，规模宏伟的一处帝王宫苑和水园林，距今已有 800 多年的历史。10 世纪初，因此处有山有水，环境优美，历代统治者在此建筑园林，作为游乐场所。金灭辽，建中都，即在此基础上大兴土木，营建精美的离宫别馆、亭台水榭，并命名大宁宫。13 世纪，元统治者建大都，把大宁宫建成一座封建帝都的禁苑。明清两代，这里仍是宫廷内苑，并各有扩建。北海全园布局继承中国古代园林建筑的传统风格，在水中设置岛屿，沿岸建筑亭台楼阁。琼华岛耸立于水面南部，波光塔影，景色宜人。沿岸一带建筑，分别隐现于绿丛水色之间。远眺景山，五亭倒映于波光之中，构成一幅壮丽的画卷，1925 年辟为公园。中华人民共和国成立后疏浚湖泊，进行全面修整，并增植了果树花卉等，这一占地 70 万 m² 的公园，已成为首都重要的游览胜地。

（二）私家园林

私家园林面积较小，园林建筑家在有限的空间内尽量用水造景，为园林增色添辉。在北方以北京为中心，如恭王府等，南方以南京、苏州、杭州、扬州一带为多，如苏州的拙政园、留园等。江南园林充分利用江南水乡河流纵横、地下水位较高的优势，引水入园，在园内分出大小、主次的变化，令人赏心悦目。有的在岸边建成临水的阁榭，使池水伸入阁基之下，仿佛水自其下溢出，再配上凸凹穿洞的假山，令石影落入水中，更增生动之趣。其中，拙政园以其独特的造景手法和深厚的文化内涵，成为中国园林艺术的瑰宝。

拙 政 园

苏州四大名园之一。初为唐代诗人陆龟蒙的住宅，元时为大宏寺。明正德年间御史王献臣辞职回乡，买下寺产，改建成此园，并借用晋代潘岳《闲居赋》中："灌园鬻蔬，以供朝夕之膳……此亦拙者之为政也"的语意，取"拙政"二字为园名。全园面积约 28 亩，水面约占 3/5，建筑群多临水。园内水面有聚有分，山径水廊起伏曲折，古木蔽日，山光水影，富有自然景色。布局采取分割空间、利用自然、对比借景的手法，因地造景，景随步移，成为具有江南特色的典型园林。

（三）人民园林

园林真正成为广大人民群众的精神食粮，还是中华人民共和国成立以后的事。哈尔滨市松花江畔的沿江公园，并非自然天成，而是利用防洪工程顺势建成的。沿江带状公园从西至东，由顾乡公园、九站公园、斯大林公园、道外公园、太平公园五个部分组成，甚为壮观。顾乡公园内原先只有一座土坝，后来为了抵御洪水，加修了护坡石和土台，并以花草树木与亭园的艺术组合，向人民展示了园林的秀丽风姿。九站公园内，过去野草丛生，是捕鱼者驻足的地方。1986年以来，结合防汛工程的修建，使得这里栏杆淡雅，消夏廊玲珑剔透，松林苍翠欲滴，灌木丛鲜花灿烂，江中浪花轻拂，园中无处不充溢着诗情画意。斯大林公园内，防洪纪念塔巍然矗立，一幢幢欧式建筑精美典雅。隔江远眺，那绿色的阡陌，隐约的村落，水湾里随波荡漾的小船，都令人心旷神怡。如今的道外公园，江岸烟柳如云，江中游艇如织，是市民寻求怡静的游憩区。太平公园是由港口园林、东大坝园林、阿什河园林和化工园林组成，园内运动场、音乐厅、舞池等设施，与流水、绿地、花草等相互搭配，更增加了这一园林的艺术品位。

第三节 水工具文化

工具是一种物化的知识。马克思曾经说过："生产工具是人类创造出来的人类头脑的器官，是物化的知识力量。"制造和使用工具是人的一种本领，也是一种典型的文化现象。水工具是人们在用水、治水、管水中使用的用具、机械、仪器和设备的总称。每一种水工具都凝结着人类的知识、智慧和创造，是水文化的重要载体。不同时代的水工具代表不同时代的水文化。陶管输水、辘轳取水，代表着古代的水工具文化。计算机的应用和电动提水，代表着现代的水工具文化。

一、简单水利机械的发明与创造

简单机械一般是指杠杆、滑轮、轮轴、斜面等。而把这种简单机械运用到提水、灌溉上来，称之为简单水利机械。我国最早的简单水利机械是从井中取水开始的。方法是将绳子系在瓮上从井中把水提出来。要想把瓮从井中提出，就得向上用力拉，这样不但费力而且效率很低。为找到一种省力的提水工具，我们的祖先发明了桔槔。桔槔的结构，相当于一个普通的杠杆。在其横长杆的中间由竖木支撑或悬吊起来，横杆的一端用一根直杆与汲器相连，另一端绑上或悬上一块重石头。当不汲水时，石头位置较低（位能也小）；当要汲水时，人则用力将直杆与汲器往下压，与此同时，另一端石头的位置则上升（位能增加）。当汲器汲满后，就让另一端石头下降，石头原来所储存的位能因而转化，通过杠杆作用，就可能将汲器提升。这样，汲水过程的主要用力方向是向下。由于向下用力可以借助人的体重，因而给人以轻松的感觉，也就大大减少了人们提水的疲劳程度。

案例2-4：湖北大冶铜绿山发掘出的木辘轳

湖北大冶铜绿山发掘出春秋战国时期古矿井中的两具木辘轳，各长250cm，直径为26cm，两端已被砍出圆形的轴颈，其长度分别为28cm和35cm。辘轳轴上凿有两圈疏孔和两圈密孔，皆呈长方形，半榫两排。密孔靠近两端，中间距离40～45cm。中部还有约23～25cm的两圈疏孔，孔中插入长方木条。出土时有些孔中还残有木条碎片。

另外一种简单的水利机械，主要是用于进行水准测量，我们一般不称之为机械，而称为仪器，那就是简单水准测量仪。我国古代劳动人民在开挖渠道与运河的过程中，发现可以用"水面"作为标准来测量地势的高低。相传大禹治水时期就已开始使用"准、绳、矩"等原始的测量工具。西汉时开关中漕渠，齐人水工徐伯负责定线工作，就是用的水准测量仪器，可惜史上没有详细记载。南北朝时期，我国古代著名科学家祖冲之的儿子曾在嵩山上造了八尺长的铜表作为日晷，下面与圭相连接，圭面掘着沟，把水倒在沟里，以定水平。

在唐代，由于疆域的扩大，农业生产与水利事业普遍发展，测量和制图学也有新的进步。唐人李筌，在其所著《太白阴经》中对测量地势所用的"水平"（即"水准仪"）有较为详细的记述。这套测量工具，由三部分组成，即水平、照板、度竿。这套仪器的使用方法与现在的水准测量大同小异。在整套工具设计技术方面，有几处细节的考虑，耐人寻味，也体现了我国古代劳动人民聪明才智之所在。

照板上有宽达二尺（1尺＝33.33cm）的黑白二色，使得目标大而明显，易被观测者发现，但更重要的意义，在于以黑白二色的交线作为观测线，准确可靠，这是现代水准尺上以间隔的黑白或红白二色的交线作刻度的先行，是测量史上一次重要的建树。

浮木的数目为什么不用两根而用三根？这是考虑到在测量过程中，可能因为某些故障，浮木不能保持水平而采用的一种校准措施。这些故障，诸如池中水深不够，使浮木"搁浅"；通水渠不畅，使得三池水位不平；池框内缘卡塞浮木等。而有了三根浮木，当可及时发现这些故障。同时，三根浮木在外形上也不可能做得完全相同。其内部密度也不可能完全均一，故在水中的沉浮程度也不可能完全一致，而如果有了三根浮木，自然也可起到消除这种误差的作用。

关于"立齿"的设计为什么要采用立"齿"，而不用立"板"？这是因为如果采用无齿的板，在观测照板时，或是靠近观测者的立"板"遮住了离开观测者的立"板"，或是离开观测者的立"板"高于靠近观测者的立"板"。两种情况发生都会导致视线不平。如果采用齿形的板，则可以消除如上问题，因为即使靠近观测者的立齿端部高于离开观测者的立齿端部，由于有齿间空隙，前者也不会遮盖后者，从而可使观测者能调整视线顺利进行观测。

从简单水利机械的发明和创造，我们可以感受到古代生产力发展水平以及人类对于水的认识与改造程度。这些简单的水利机械实质上包含了许多物理学的知识，因此说这些简单水利机械是人类最早产生的与水有关的文明之一。

二、简单水利机械的改进与完善

辘轳经过进一步改进后的"双辘轳""花辘轳"，就比较复杂一点了，是对简单水利机械进一步改进、完善与组合的升级版。"双辘轳""花辘轳"其构造是在辘轳上相向缠绕着两条绳子，两绳子下端各系上一个汲器。当其中一个汲器盛满水被向上提的时候，另一个空着的汲器则随之被放下；当空着的汲器在井中盛满水要向上提时，原来盛满水的汲器中的水被倒出而成了空器。这样交替上下提水，除了能节省时间外，还可以利用空器的自重，再省一部分力，提水的功效自然更高了。

辘轳进一步发展，便出现了水车。我国劳动人民早在汉代就发明了用水车灌溉田地。水车初创时名叫翻车，即后代之龙骨水车。水车用于农田灌溉，首见于《三国志》："时有扶风马钧，……居京都，城内有地，可以为园，患无水以灌之，乃作翻车，令童儿转之，而灌水自覆，更入更出，其巧百倍于常。"中唐以后水车的推广，特别是在南方多水地区的推广，大大地提高了农业的排灌能力，促进了农业和水利的发展。刘禹锡所写的"栉比栽篱槿，咿哑转井车"的诗句，正是这种利用水车灌溉的写照。

对水车的改进又出现了高转筒车和水力筒车。唐代，利用水力推动的高转筒车已广泛使用。唐人陈廷章的《水轮赋》和刘禹锡的《机汲记》都形象地描绘了高转筒车的功能。高转筒车的构造，简略地说，就是上下各有一个轮子，下轮一半淹在水中，两轮之间有轮带，轮带上装有很多尺把长的竹筒管。流水冲击下面的水轮转动，竹筒就浸满了水，并自下而上地把河水带到高处倒出。

水力筒车的出现，可以追溯到宋代。北宋范仲淹和南宋张孝祥对筒车作了比较仔细的描述。圩田在中唐至五代的长江三角洲地带发展迅速，龙骨车已在那里的圩田区广泛使用，所以张孝祥在一首关于湖湘地区灌溉的诗中描述过这种水力筒车："象龙唤不应，竹龙起行雨。联绵十车辐，伊轧百舟橹。转此大法轮，救汝旱岁苦。横江锁巨石，溅瀑叠城鼓。神机日夜运，甘泽高下普。老农用不知，瞬息了千亩。抱孙带黄犊，但看翠浪舞……"王桢《农书》中对高转筒车和筒车的性能与构造都作了说明，并附有图。

利用水力作动力的水力机械应首推水排。根据历史文献记载，水排大概始创于东汉时期（公元25—200年）。《后汉书·杜诗传》中记述了，杜诗创造了利用水利鼓风铸铁的机械——水排。铸铁需要鼓风设备向炉里压送空气，提高温度，最早是用牛皮袋压送空气，后来才创造出活塞送空气的风箱。最初的鼓风设备叫人排，用人力鼓动。继而用畜力鼓动，因多用马，所以也叫马排。直到杜诗时改用水力鼓动，称水排。水排是机械工程史上的一大发明，约早于欧洲1000多年。在《后汉书·杜诗传》注文说："冶铸者为排以吹炭，令激水以鼓之也。"就是利用水力鼓动鼓风设备向铸铁炉里压送空气。用水排代替人排、马排，大大提高了劳动生产率。

我国劳动人民不仅创造了用水力推动鼓风机铸铁，而且进一步利用水力、杠杆和凸轮的原理去加工粮食，这种用水力把粮食皮壳去掉的机械叫水碓，最早提到的是西汉桓谭的著作。魏末晋初（260—270年）杜预总结了我国劳动人民利用水排原理加工粮食的经验，发明了连机碓。继后不久，又根据此原理发明了水磨。我国利用水力为磨的原动力相当早。水磨的装置方法有两种：一种是由水冲动一个卧轮，在卧轮的主轴上装上磨；另一种是由水冲动一个主轮，在主轮的横轴上装上一个齿轮，和磨的主轴下部平装的一个齿轮相衔接，使磨单间接转动。到了唐代，水碓、水磨更广为应用，甚至推广到了我国西藏地区。

从对简单水利机械的改进、完善与组合，不难看到我国劳动人民的勤劳与质朴、聪明与智慧，更可以看到我国劳动人民对于水的多种功能的认识、开发和使用上有着独到的见解和能力，对推进我国及世界农业生产的发展起了重要的作用。直到今天，俄罗斯人还把辘轳称为"中国辘轳"，美国人则把筒车叫做"中国筒车"。

三、现代水利工具的制造与使用

唐宋以后到清朝末年，我国工农业的发展仍然主要依赖于手工操作方式，机械文明在当时还是一个陌生的概念。因此，水利工具机械化的时代与近代中国几乎是隔绝的。到晚清之后，国门逐步打开，先进的科学技术才得以逐渐走进中国农业和工业领域。从世界的角度来分析，可以说把水利工具从使用传统简单机械的历史转变到机械化操作上来的最伟大变革，应该可以追溯到蒸汽机的发明和使用。

1690年，法国普平在德国制成第一个有活塞和汽缸的实验性蒸汽机。英国铁匠纽可门根据活塞的设计，发明了蒸汽机，并于1712年有效地应用于矿井排水和农田灌溉。但耗煤量大、效率低。真正能产生巨大工业效果的蒸汽机是18世纪70—80年代由詹姆斯·瓦特发明的。瓦特改良蒸汽机使得人类的生活与世界的文明改观了。过去由人们用劳力所做的事情，全部由蒸汽机来替代了。有了蒸汽机才有了现代的机械文明，也可以说蒸汽机发明的原动力主要是为了解决矿井的排水问题，从而揭开了水利工具机械文明的新时代。

清朝末年至民国年间我国相继引进水利工程机械和水泥、钢材等建筑材料，并开始自己制造。由于工业发展十分缓慢，水利工程中施工与管理的机械化程度很低，而水泥和钢材的缺乏又制约了水利工程的兴建。当时使用的主要水利机械仅限于河道整治机械及防汛通信设备。河工机械中挖泥船是最早引进的设备。

光绪初年，在福建乌龙江首先使用挖泥船。为了满足江河整治的需要，光绪十二年（1886年）上海江南制造局开始参考外国挖泥船的图纸试制，至20世纪20年代我国已生产出了抽泥式、斗式等不同类型的挖泥船。清同治、光绪时有线通信已开始用于邮传。光绪十九年（1893年）将有线通信用于江河防汛。稍后，永定河设置了报汛专用电话线。光绪二十九年（1903年）黄河自济南至利津下游800多里河道两岸设置了专用电报，河道两岸设官电局，设分局18处。

防汛与铁路通信一直是独立管理的专用通信网。及至民国年间，黄河两岸上自河南陕州，下至河口均已架设专用电线，并设电信所统一管理。清末，长江、珠江及松辽河防汛专用电报或电话相继设置。但一般限于中下游或重要城市，商埠港口。1934年无线电通信在黄河上用于防汛。1946年黄河水利委员会在开封设了无线电总台，下有8个分台，通过总台可向中上游各大水文站、险工段联络，这在当时大江大河防汛通信设备中已属先进。

另外，是其他水利施工机械及水泥的引入。光绪十四年（1888年），黄河河南长垣、山东东明堤防段施工中始用水泥。光绪十九年（1893年），为防御长江洪水，北洋大臣李鸿章调运唐山生产的水泥300t，重修湖南常德城墙及防洪石堤。光绪三十四年（1908年）东三省总督徐世昌聘请英籍工程师修斯勘测设计，选择锦州湾葫芦岛筑港。宣统三年（1911年）正月开工，其中施工机械有起重机、混凝土搅拌机、打桩机、挖泥机，抽水机各种机器及铁轨车辆等。凡中国各省所有者，尽向华厂购办，其不能自制的，则用投标之法，向各洋商开价购买。葫芦岛港地基工程已用钢筋混凝土桩。然而这个当时国内施工设备最先进的工程几经战乱，最终于1931年日本侵略军占领东北三省后完全停工。

20世纪20年代，采用钢筋混凝土结构的水工建筑已日见普遍。随着水泥在水利工程中广泛推广，水泥灌浆技术开始运用。浙江石质海塘的维修用水泥灌浆加固或工程堵漏。绍兴三江闸是采用水泥灌浆修复的一个古代水利工程。三江闸原用条石砌筑，用铁锭上下联锁，无胶结材料。由于水流长期淘刷、渗漏，闸底板逐渐淘空，严重漏水，闸墩及翼墙也因风化开裂，裂缝最宽达5cm，也漏水严重。1932年开工修复，主要采用灌浆技术，用水泥浆充填。灌浆机全套设备系德国进口，水泥系国产象牌优质水泥。

中华人民共和国成立以来，水利事业得到空前的发展。目前，我们不但拥有世界上最前沿的水利水电开发技术、最先进的水利科研设备、最完备的水利水电施工技术和装备，计算机在水利水电建设和管理中得到广泛运用，水利机械化施工、信息化管理的时代已经来临，也标志着现代水利文明已经到来。随着社会的发展，在未来社会中，作为具有灿烂文明史的中华民族必将不断发明和创造出品种更加齐全、技术更加先进的水利水电、水生态、水环境、水处理等方面的水工具，创造出更加璀璨的水文明，为实现中华民族伟大复兴的中国梦作出积极的贡献。

第四节 水生态文化

一、什么是水生态文化

水生态文化源自生态文化。从文献记载和现实社会的发展来看，生态文化既是一个古老的概念，又是一个新概念。作为古老的概念，在东西方的古代社会都有大量的生态思想和实践，是一种自发的而非自觉的生态文化思想。在很长一段时间内人与生态的矛盾尚未凸显出来，生态文化一直是融合于其他文化之中，未能成为一种独立的文化形态，更谈不上成为社会的主流文化。直到工业文明带来生态危机，生态学和环境科学研究的深入，环境意识的普及，可持续发展成为指导世界各国经济、社会发展的战略，生态文化才得到很大发展。随着人类社会的日益生态化，人类文明不断向生态文明演进，生态文化将不可抗拒地成为未来社会的主流文化。

作为新的概念，生态文化是在现代生态思潮发展过程中出现的新事物、新名词。1962年，美国生物学家蕾切尔·卡逊创作的《寂静的春天》被誉为现代环境保护的开山之作。从此，生态文化建设开始成为一个世界性的课题，国际社会展开了广泛的合作和交流。1984年，罗马俱乐部创始人佩切伊在《世界动态学》杂志上发表的《21世纪的全球性课题和人类的选择》一文中最早提出了"生态文化"这一概念。他说："人类通过技术圈的入侵、榨取生物圈的结果，破坏了自己明天的生活基础，人类自救的唯一选择就是要进行符合时代要求的那种文化革命，形成一种新的形式的文化，即生态文化。"生态文化代表了人与自然环境关系演进的潮流。

水生态文化作为生态文化的一个重要分支，其定义为：人类在水利实践活动中形成的一种涉及社会性的人与水环境及其相互关系的文化。它的前提就是关注水生态环境的文化，落脚点在于协调人与自然和谐共生的关系。

从文化的共时性来讲，水生态文化是属于人类的"文化共同体"，是人类社会共同的追求，具有明显的全球性的特征。30余年来，唤起公众的水意识，建立一种更为全面的水资源可持续利用的体制和相应的运行机制，已经成为全人类思考的重大议题。1993年1月18日，第47届联合国大会就根据环境与发展大会制定并通过的《21世纪行动议程》，确定将每年的3月22日定为"世界水日"，以推动对水资源进行综合性统筹规划和管理，加强水资源保护，解决日益严峻的缺水问题。同时，通过开展广泛的宣传教育活动，增强公众对开发和保护水资源的意识。2006年，联合国把"世界水日"的主题确定为"水与文化"，这是基于文化传统、风俗习惯和社会价值决定了人们如何认识和利用水。因此，要解决当前日益严峻的水危机，就必须理解和考虑它的文化内涵。2008年，联合国教科文组织正式设立"水与文化多样性"项目，标志着政府间组织在国际层面上对水文化研究、建设和应用的全面推广。2024年5月，"2024大河文明对话——国际水文化研讨会"在印度尼西亚巴厘岛第十届世界水论坛期间举行，会议以"可持续的大河流域包容性文化：共创与共享"为主题，多国专家共商河流文化、生态、经济面临的机遇与挑战，共同探讨大河流域文化的可持续发展与包容性。

二、水生态文化体系结构框架

构建一个系统的、科学的和有生命力的水生态文化体系，是水生态文明建设的最基本要求和基本目标之一。水生态文化就其属性角度可以区分为精神、物质、制度和行为四种文化层面，这四个层面是一种相互影响、相互制约、相互促进的关系，只有让人们在精神层面深刻认识到人与自然和谐共生状态的重要性，并从物质角度、制度角度多方面涉及水生态文化传播和培育，才会真正内化为社会公众的行为方式，形成稳定有序的水生态文明建设氛围。

（一）水生态文化的精神层次

水生态文化的精神层次是水生态文化的灵魂，是生态文明发展的内在推动力。党的十八大报告中第一次使用了"生态价值"这个概念，提出"必须树立尊重自然、顺应自然、保护自然的生态文明理念"。思想是行动的先导，建设水生态文明必须坚持理念先行。水生态文化建设首先要确立人水和谐的精神文化体系，实现精神领域的一系列转变，包括价值观、伦理观、消费观、审美观的生态转型。建构正确的水生态价值观是实现水生态文明的核心，建构水生态伦理观是实现水生态文明的基础，建构水生态消费观是实现水生态文明的重要内容，建构水生态审美观是实现水生态文明升华的基础。

（二）水生态文化的物质层次

水生态文化的物质层次是由人们创造的水环境和各种水物质设施等构成的环境与器物文化，是一种以物质为形态的表层文化，是水生态精神文化的显现和外化结晶，包括水环境、水工建筑物等。这是水生态文化和水生态文明最直观的部分，是人们最易于感知的部分。

（三）水生态文化的制度层次

水生态文化的制度层次是水生态文明建设的保障，是加强水生态文化建设，建设水生态文明的制度安排和政策法规。要完善法律法规体系，为水生态文明建设提供坚实保障。深化体制机制改革，激发水生态文明建设的内生动力。推动水资源管理、水环境保护、水灾害防治等领域的体制机制创新，打破部门壁垒，实现信息共享、协同治理。建立健全水资源有偿使用制度和生态补偿机制，通过市场机制引导社会资本投入水生态文明建设，形成多元化、可持续的投入机制。同时，加强执法队伍建设，提高执法能力和水平，加大对违法行为的惩处力度，形成强大的法律震慑力。制度文化是制度建设的"内核""灵魂"，是设计制度以及对制度的认识、评价、认同所依赖的观念系统；应当在"生态价值""人水和谐"等理念的引领下，建立健全水生态文明的制度体系。

（四）水生态文化的行为层次

水生态文化的行为层次是人们在水生态文明建设管理、水生态消费等过程中产生的活动文化，以人的行为为形态和动态形式，主要包括生态政治、生态科技、生态消费、生态管理、生态教育、生态文艺等活动。其中，水生态政治就是把维护人民群众的生态环境权益作为工作价值判断的重要标准，为推进生态文明建设提供制度基础、社会基础以及相应的设施和政治保障。水生态科技就是要把生态价值理念引入水利科技研究和实践，促进整个生态系统保持良性循环，为优化生态系统提供科技支撑。水生态消费是指人的生活方式应自觉以实用节俭为原则，以适度消费为准则，在生产和生活中养成节水、善待水环境等的生活方式和行为习惯。

三、当前水生态文化建设的主要路径

水生态文化是实践着的文化，就是要把水生态文化的理论转变成影响社会公众水生态文明建设的具体行动。就当前而言，水生态文化建设的主要路径，要重点把握如下三点。

（一）以水生态核心理念指引水生态文明建设

水利部《关于加快推进水生态文明建设工作的意见》指出"开展水生态文明宣传教育，提升公众对于水生态文明建设的认知和认可，倡导先进的水生态伦理价值观和适应水生态文明要求的生产生活方式"。水生态文化的灵魂和根本是人水和谐核心价值理念，是水生态文化体系的核心和最本质的体现，是形成水生态文化的物质层和制度层的基础和根源。水生态文化建设就是通过文化启蒙将水生态意识和责任意识渗入公众心灵，引领全社会认识自然规律，了解生态知识，树立人水和谐的价值观，为水生态文明建设提供内在推动力，促进整个社会生产生活方式的转变。"优秀的水文化是创造出来的"，设计与建立水生态文化理念体系是水生态文化建设的首要任务，是水生态文明建设的基本要求和基本目标。而凝练并确立水生态核心价值理念的关键，就是找到社会公众能够普遍认同的最佳表述，形成一个能够得到广泛认同、简明扼要、便于传播践行的文本。这种精神文本在文化传播与交流中，是优势最为明显的文化交流介质。水生态文化建设，教育为本，其根本出路就是实施和推进水生态文明意识培育。要制定水生态文化教育行动计划，广泛开展水生态文明宣传教育和知识普及活动，大力开展水生态环境普法教育和水环境警示教育，使水生态价值理念植根于社会公众心中，融入生产生活中，提升全民水生态文明素养，形成水生态文明社会新风尚。

（二）营造和展示以水生态文明为核心的水利景观

以水生态文明为核心的水利景观和其他物态展示，是水生态文化建设的一项重要任务。譬如水利风景区到水生态文明城市，后者是前者的升级版。通过水域空间营造、建筑设施表达、水工建筑美化、文化体验设计等，把建筑艺术元素和生态景观元素结合起来，使水利工程和水域环境具有独特的人文特色和艺术美感，成为水文化展示的载体，从而满足人们亲水、戏水和休闲娱乐等需求。但要强调的是水生态文化建设不单单是开展一种活动、建设一个场所等以物质和活动为形态的表层文化。更重要的是在这些建设中都应当展示出"尊重自然、顺应自然、保护自然的生态文明理念"。这是水生态文化的灵魂，是水生态文明发展的内在推动力。因此将水生态文化的核心部分，即与人水和谐的价值观、道德观与伦理观转变为有形的感观体验，理念具体化、形象化，营造景观生态环境和文化生态环境相结合的空间场所，创设一个满足现代人对实用和审美的需求，并有利于促进社会公众从传统的人与自然关系理念向生态文明理念转型的宏观环境，应当是当前开展各种水

生态文明建设工作的关键。

（三）选择适合水利部门自身特点的水生态文化载体

水生态伦理价值观作为意识形态层面的东西，不可能自发地变为社会公众的自觉意识和行动，而是需要一定的载体才能为公众所感知、认同和接受，进而内化于人们的思想深处，外化为公众的自觉追求与行动。因此，水生态文化载体是一种水生态文化传播最为关键的部件，承载人与自然和谐共存、协调发展这一生态文化的核心价值观，为水生态文化建设提供了切入点。这里需要强调的是水生态文明建设不仅仅是水利部门的职责，而应该由一个城市政府主导、各相关部门协同进行。应当从水利部门自身实际操作层面考虑水生态文化载体，依据载体主导功能对这些内容做进一步梳理。水生态文化载体体系应当包括水生态核心价值理念文本体系、水生态感知体系、水生态活动体系、水生态教育体系、水生态产品体系等五大内容，其中水生态理念文本体系是水生态文明建设的灵魂、核心，水生态文化，尤其是水生态核心理念引导水生态文明知识建构，也统帅水生态文明行为能力，并且可直接决定水生态文明发展的基本品质或素养；水生态文化感知体系建设是对水生态空间的改善和塑造；水生态文化教育体系的建设是教育开展及其所需教育场所的建设，包括户外式教育、传媒式教育、展馆式教育、课堂式教育四种类型的具体载体；水生态文化活动体系建设是对多样性的水生态文化社会活动的组织与开展；水生态文化产品体系建设是对水生态文化产品的开发与推广。必须认识到对水生态文化内容体系的建构，是使水生态核心价值理念从深度和广度上更清晰地为人接触、被人认知的最直接途径，它使"虚无"的水生态文化建设有了可以"落脚"的方向，将其转变为可以开展的实践，使相对无序的水文化传播与传承过程，能够通过规划合理的建设项目有序地实现。

第三章

精神形态水文化

　　精神形态的水文化是核心层面的水文化，主要指与水有关的意识形态。精神形态的水文化是人们在长期的水事活动中形成的一种心理积淀，具有历史的继承性和相对的稳定性，对人们行为的指导和维系事业的连续性具有十分重要的作用。我们研究的水文化既有广义水文化的内容，也有狭义水文化的内容，但重点是从社会意识形态方面研究水文化。

　　以下选取几个有代表性的领域，对精神形态水文化略作探讨。

第一节　水　与　哲　学

　　哲学是人类思维高度发展的产物，是人对于整个世界（自然界、社会和思维）的抽象性认识，是自然知识和社会知识的概括和总结，是理论化、系统化的世界观和方法论。水哲学是人们在认识水和从事水事活动中形成的世界观和方法论。水对人们世界观和方法论的形成有很多重要的启示作用，因而成为古今许多哲学家阐述哲学思想的重要载体，同时引导人们以哲学的思维处理和解决各种问题。马克思主义的哲学，即辩证唯物主义与历史唯物主义，是自然科学与社会科学的概括和总结，是从世界观和方法论的高度认识世界强大的思想武器。任何一种文化，都要在哲学的高度上过滤和升华，才能奠定它的理论基石。水文化同样也应从哲学的高度，即从唯物论、辩证法、唯物史观和人生观等方面来考察和认识水。

一、水与唯物论

　　唯物论的基本观点认为世界的本原是物质的。古代的唯物论都曾经把水视为物质的象征。我们的祖先首先从与人生存息息相关的大自然去探索宇宙的奥秘。而水是与人的生存关系十分密切的一种自然物，因而成为他们探索宇宙奥秘的一种重要载体。中国哲学最早企图解释宇宙万物本原和生存的是从殷周时期阴阳说开始的，而这种观念与水有直接的联系。

　　《周易》是我国古代哲学的经典性著作，在我国最早明确提出阴阳二气形成宇宙万物的观点。在《系辞》中说"一阴一阳谓之道"，即认为万事万物产生和变化是阴阳二气作用的结果。为了揭示世界的本质，《易传》又以八卦，即：乾、坤、震、艮、离、坎、兑、巽分别代表天、地、雷、山、火、水、泽、风八种物质的符号，相传八卦是中华先祖伏羲氏"观河水东流，察日月兴替，思寒暑循环，勾演八卦"（王嘉：《拾遗记》）。八卦是一阴一阳，两鱼相抱的图像，周围分布着长短有序，组合奇妙的线条，构成八个方位，包含着水波四散的意象。在八种物质中水占其一，而且泽与水相通，可视为一类。《易传》还特别指出："润万物者莫润乎水。"由此可见，水在我国古代哲学思想形成时的重要作用。

相继是"五行的兴起"。五行（指水、火、木、金、土）观念的产生进一步揭示了世界的本质，最早提出五行观念的是《尚书·洪范》，书中说"五行，一曰水，二曰火，三曰木，四曰金，五曰土"。五行中把水列为第一。接着《国语·郑语》中进一步指出："故先王以土与金、木、水、火杂，以成百物。"这样明确把这五种物质作为产生"百物"的来源和基础，实质上是以哲学的命题来探求物质世界的统一性，具有明显朴素唯物论的思想。

到了春秋战国时代，人们对物质世界的统一性又有了更进一步的认识，似乎把物质世界的统一性都集中到水的身上。我国春秋时代的政治家、思想家管仲，在《管子·水地篇》中有句名言："水者何也？万物之本原，诸生之宗室也。"一百年后，第一个有史可考的古希腊哲学的代表泰勒斯也说："水是物的质料因。"可见，他们都把水视为世界万物构成的唯一元素。

我国道家学派的创始人老子，认为世界的本原是"道"，而水几于道。他把世界的本原用水来形象地加以阐明，说明他具有朴素唯物论的思想。据 2001 年 4 月 6 日《北京晚报》报道："1993 年 10 月，在湖北省荆门市郭店出土了一批竹简，其一万三千字，这是我国迄今所知最早的一批藏书，其中有一篇《太一生水》的文章，共 305 字，作者不详，是研究宇宙如何创成的"。"太一"是什么呢？ "一"就是宇宙的开始，"太一"就是开始的开始。书中认为，"太一"首先生出来的就是"水"。然后水反辅太一，而后有了天，天地互相帮助，然后有了生命、阴阳、四时，有了冷热、寒燥等。今天看来，古代哲学家对世界本原的认识并不很准确。但是早在 2000 多年前，他们就以水为载体来探索宇宙的奥秘是十分可贵的。这样一来，水文化在哲学的层面展现出了它的光辉。

这种把水视为物质构成重要成分的朴素唯物论的物质观尽管是形而上学的因素，但在同"世界起源于上帝"和"世界起源于绝对精神"的唯心主义在数千年的战斗中体现了人类智慧的光芒。随着科学的发展，哲学在新的层次上对世界本原作了科学的概括。列宁把物质定义为"标志客观实在的哲学范畴，这种客观实在是通过感觉感知的，它不依赖于我们的感觉而存在，为我们的感觉所复写、摄影、反映"。现在人们再也不会说世界的本原是水了，但水仍是现代哲学物质概念赖于抽象的基质，也是自然科学物质研究的对象之一，其重要地位仍然是不可忽视的。正是人类以水作媒体对世界本原进行艰苦探索的光辉历程，才铸就了水文化深厚的哲学基础。

二、水与辩证法

古往今来的哲学家经常用水来阐明辩证法的深刻哲理。辩证法是揭示事物普遍联系和变化发展规律的科学，有三大基本规律，水在辩证法的三大基本规律中都有杰出的表现。

西方哲学有一道著名的论题：用对"人能不能两次涉过同一河流"？的回答，作为区分形而上学、庸俗辩证法和唯物辩证法的分水岭。形而上学认为，人能两次涉过同一河流，第二次涉过的河与第一次涉过的河没有什么区别，否认河水的流动导致河流的发展变化，把河流视作静止不变的物体；庸俗辩证法认为，人不能两次涉过同一河流，第二次涉过的河因其流动变化已不是第一次涉过的河,把河流的运动绝对地分割为不相关联的单个阶段,割裂了此河与彼河的联系;唯物辩证法认为,人可以两次涉过同一河流,不过由于河水的流动关系,第二次涉过的河是对第一次涉过的河的克服与保留,既与第一次涉过的河相联系又在第一次涉过的河的基础上有变化和发展。水在这里成了哲学上的一块试金石,只有唯物辩证法的解释才是科学的。辩证法有三大基本规律,水在辩证法的三大基本规律中都有杰出的作用。

(1) 对立统一规律是辩证法的实质和核心。

水的本身就是利与害的对立统一体,水既是甘霖,可以滋润万物,成为人类生存和发展的命脉;水又是凶神,可以毁灭社会财富和人类生灵,成为人类生存和发展的心腹之患。所以我国伟大的史学家司马迁惊呼"水之利害矣"。由于水的利与害这一基本矛盾又引申出一系列的矛盾。首先,是水与人的矛盾。人与水既相统一,又相矛盾。人与水共存于一个大的生态环境之中,当人们顺应水性,水造福于人类时,两者相统一,相协调,和谐共存;当人违背水性,水危害人类时,两者相矛盾,有斗争。人与水的矛盾还表现为生态失衡,如人与水争地就是一个典型实例。

人们为了求得人与水的和谐共处,又采取了辩证法的方法处理一系列矛盾问题。在治水方针上,自古就有"堵"与"导"的不同方法。在浩浩洪水面前,鲧采用"堵"的方法,"为城(筑堤)九仞,功亏一篑"。禹吸收其教训,改用"导"的方法,从而实现了"百川归海,九州攸宁",体现了堵与导的不同治水方针。在治水过程中经常会出现蓄与泄、上下游、左右岸以及洪涝与干旱、工业与农业争水、城市与乡村争水、水污染与水净化等等一系列矛盾。我国当前执行的"全面规划,统筹兼顾,标本兼治,综合治理。坚持兴利与除害结合,开源与节流并重,防洪与抗旱并举,下大力气解决洪涝灾害、水资源不足和水污染问题"的治水方针,是我国治水经验的科学总结和新的发展,也是正确运用对立统一规律指导治水事业的光辉体现。

(2) 质量互变规律是揭示事物发展形势和状态的规律。

黑格尔论述质量关系时用了"关节线"的概念阐述了在量的一定点上骤然发生质变的思想。恩格斯在《反杜林论》中把"关节线"改称为"度",并作了如下解释:"我们在那里举了一个极著名的例子,水在标准压力下,在摄氏零度时从液态转变为固态;在一百摄氏度时从液态转变为气态。可见,在这两个转折点上,仅仅是温度单纯的量变就可以引起水的状态质变"。中国人很早就在水温度和数量的变化中发现了质量互变现象。荀子在《劝学篇》中说"冰,水为之,而寒于水""不积细流,无以成江河"。民间俗语中也有"水滴石穿"等质量互变规律的描述。这些都是用水来阐明质量互变规律的生动事例。

(3) 否定之否定规律是揭示事物发展的基本方向和道路。

老子在《道德经》中说:"天下莫柔弱于水,而攻坚强者莫之能胜,以其无以易之,弱之胜强,柔之胜刚,天下莫不知,莫能行。"就是说,世间没有比水更柔弱的东西,然而攻击坚强者,没有什么能胜过水的,水性虽柔,却无坚不摧。弱之胜强,柔之胜刚,天下都知道这个道理,但都没按这个道理行事。在此,老子借水柔弱胜刚强的特点揭示了一条事物发展的重要自然法则。

世界上的自然河流没有一条是笔直的,总是弯弯曲曲的。其根本原因是走弯路是自然常态。因为河流在前进过程中会遇到各种障碍，有些障碍无法逾越，只好绕道而行，避开重重障碍，最后流向广阔的海洋。水的这种自然常态也揭示了事物"波浪式发展，螺旋式上升"的客观规律。我们常说"道路是曲折的，前途是光明的"，也是教导人们要勇于克服暂时困难，对胜利要有坚定信心。

马克思主义的唯物论和辩证法的统一体现在辩证唯物主义的认识论中。在谈到对事物真理性的认识时，毛泽东在《实践论》中说："在绝对真理的长河中，人们对于在各个一定发展阶段上的具体过程的认识只具有相对的真理性。无数相对真理之总和就是绝对真理。"用"长河"比喻绝对真理十分形象。因为绝对真理的"长河"中包含有无数相对真理的"水滴"和"河段"。人类已经取得的任何一项真理，都是绝对真理"长河"中一个部分、一个阶梯、一个环节。因此，绝对真理之"长河"是一个川流不息、永无完结的实践和认识过程。

三、水与唯物史观

马克思主义唯物史观的一个最基本的观点就是人民群众是历史的创造者。在马克思主义的唯物史观创立以前人们还不可能得出这样的科学结论。但是由于人民群众在创造历史过程中的客观作用，我国古代的不少思想家都常借水来说明人民群众对历史前进所起的重要作用。

战国时代的大思想家孟子从他的民本主义思想出发，极力主张施仁政，并提出了"民为贵、社稷次之、君为轻"的著名观点。在孟子的著作中多次"用水喻民"。《梁惠王上》中说："如有不嗜杀人者，则天下之民皆引领而望之矣。诚如是也，民归之，由水之就下，沛然谁能御之？"意思是说，一个君王如果能爱百姓，不乱杀无辜，老百姓就会伸着脖子盼望他，并像流水从高处流向低处一样归顺他。老百姓这样如水浩浩荡荡地归顺君王，还有什么力量能阻挡得住呢？《离娄章句上》中说："民之归仁也，犹水之就下。"孟子认为，"仁"就是老百姓所希望得到的，就要努力去做，并要积少为多；老百姓所厌恶的就不要去做。君王如果这样做了，老百姓就归向仁政，就好像水必然会从高处流向低处一样。孟子借水阐发他"仁政"和"民为贵"的政治主张。

比孟子年轻一些的荀子，以水喻民更形象、更深刻。他在《王制》中说："'君者，舟也；庶人者，水也。水则载舟，水则覆舟。'此之谓也。故君人者，欲安，则莫若平政爱民矣。"在这里荀子把君王比作船，把人民群众比作水，君王要想平安远航，就应该实施爱民的政策。在《君道》中还说："君者，民之原也，原清则流清，原浊则流浊。故有社稷者而不能爱民、不能利民，而求民之亲爱己，不可得也。"把君王比作水的源头，把人民群众比作滔滔的江河。君王如果不做爱民、利民之事，要想得到人民的爱戴是不可能的。人们常把历史比作一条长河，因而有"不废江河万古流"之说。自然之河中是奔流不息滔滔江河的水；历史长河中是不断推进社会发展的芸芸众生。在这里水与人民群众两者，不仅形似，而且神似。

科学的唯物史观是在近代工业发展起来以后才诞生的。毛泽东所说的"人民，只有人民，才是创造世界历史的动力"，正是这一唯物史观的科学表述。中国共产党从人民群众根本利益出发，历来重视水利建设，以发展民生水利为宗旨，也是水与唯物史观内在联系的生动体现。

四、水与人生观

人生观即人生哲理，是一个人对人生的基本观点和态度。人们在对水的开发、管护和观察中常常可以得到某种人生的感悟，从而影响对待人生的态度。

孔子，以"中庸"为处世要旨，教人在思考判断事物时要"执中"，待人接物时要"忠恕"。后世儒士奉中庸为"修身、齐家、治国、平天下"为圭臬。"中"者何物？水流之中线也。水对儒家学派的启示可见一斑。孔子站在河边，看到潺潺流逝的河水叹息道："逝者如斯夫，不舍昼夜。"就是说，消逝的时光就像河水一样，日夜不停地流去。叹息时间过得真快，应自强不息。但不同的人对孔子所说流水即失的现象会有不同的启示，因而形成不同的人生观。

李白，曾在不同时期用借水来表达他不同的人生观。在《行路难》诗中写道："长风破浪会有时，直挂云帆济沧海。"借水表达了诗人在困境中的顽强意志和自信心，表现出一种积极向上的人生态度，同一个李白稍后在看到黄河奔流不息的气势时，并没有振奋自己的精神，他在《将进酒》的诗中写道："君不见黄河之水天上来，奔流到海不复回！君不见高堂明镜悲白发，朝如青丝暮成雪！人生得意须尽欢，莫使金樽空对月。"这首诗表达了诗人在情绪悲观时，面对奔逝的大河，产生人生苦短的叹息，主张及时行乐的人生态度。

王之涣，在《登鹳雀楼》的诗中写道："白日依山尽，黄河入海流。欲穷千里目，更上一层楼。"这首诗曾激励了一代又一代的仁人志士，珍惜如水流失的时光，不怕障碍的遮蔽，克服阻挡视线的横逆，不断鞭策自己，一步一步向高处攀登，站得更高，看得更远，成为一个有作为的人。

苏轼，宋神宗元丰五年（1082年）七月被贬黄州后，在游赏黄冈城外长江边的赤壁矶时，写下了著名的《念奴娇·赤壁怀古》。词一开始就以豪雄的气势写道："大江东去，浪淘尽，千古风流人物。"苏轼以浓墨重彩刻画了英雄人物周瑜，通过讴歌这位卓尔不群的英雄将领，抒发自己一腔报国疆场的热望。这是本词的主题思想所在，也是奔流大江对苏轼积极人生态度的启发。然而苏轼面对北宋国力的软弱和辽夏军事政权的威胁以及他个人被贬的遭遇，写出了"人生如梦，一尊还酹江月"的诗句，表达了借酒消愁的情感。

青年时代的毛泽东，来到湘江之滨的橘子洲头，发出了"自信人生二百年，会当击水三千里"的宏愿，道出了其立志"改造中国"的抱负。此后又多次借水表达自己的人生态度，诸如"到中流击水，浪遏飞舟""把酒酹滔滔，心潮逐浪高""金沙水拍云崖暖，大渡桥横铁索寒""万里长江横渡，极目楚天舒""云横九派浮黄鹤，浪下三吴起白烟"等，都浸透了水给他带来的振奋向上的积极的人生态度。1956年，毛泽东到湖北武汉长江游泳，仰游江中，拨浪前进，江水从其身边流过，这时他想起了《论语》中的："子在川上曰：逝者如斯夫不舍昼夜。"在这里毛泽东一方面是激励人们要以只争朝夕的精神去努力奋斗，另一方面又是为了引出"神女应无恙，当惊世界殊"，以此来热情歌颂新中国日新月异的巨大变化。这些正是水影响人生观的生动写照。

第二节 水 与 文 学

文学以语言文字为媒介塑造形象，反映社会生活，表达思想情感。文学与水有着密切联系。这里所说的"水",不仅指水体本身(江河湖海、溪流泉瀑等物质的水),还包括人水关系中的"事"(治水、管水、用水、护水、赏水等水事活动)和"人"(以水为业的水利人)。特别是当代,描写治水活动和治水人物的文学作品大量出现,标志着"水"与文学的联系更加广泛。本章所说的就是这种广义的"水"。

水与文学的关系主要体现在四个方面:第一,水是文学作品中经常描写的自然景物,作为人物的陪衬和抒情的寄托;第二,人类用水、治水、管水的社会实践中涌现出了许许多多有代表性的人物和事迹,成为文学作品的重要内容;第三,水流动、灵活的特性,激发作家的创作灵感和激情;第四,文学作品中描写的水,能够使人们在欣赏时获得人生教育和审美愉悦。以下从创作和欣赏两方面展开阐述。

一、水与文学创作

(一) 水是作家创作的重要源泉

孔子说过"智者乐水",水流动、活跃的特点与作家的精神世界有着天然的契合。文学创作是作家对社会生活的认识和形象反映,现实生活为创作提供素材,也对作家的心灵产生激荡。南朝文学理论家刘勰说过:"登山则情满于山,观海则意溢于海,我才之多少,将与风云而并驱矣。"创作者接触山水自然,会影响到自身创作才能的增长和发挥。屈原的"楚辞"创作就是"得力于江山之助",即受到了楚国美好山川的启发和熏陶,这从"楚辞"中大量描写水畔植物(如香草)、水神(如湘君、湘夫人)、水景(如"洞庭波兮木叶下"),特别是对于"沧浪之水"的兴叹,可以明显看出,无论是"云梦之泽",还是"沅湘之水",都成为"楚辞"文思之奥府。东晋之后,"庄老告退,山水方滋"。山水文学创作开始兴盛,江南的自然山水拓宽了作家的审美视野,激发了他们的创作欲望,出现了以谢灵运为代表的山水诗人,他们笔下的创作内容由以往的历史、战争、社会、人事,扩展到自然山水,促使他们孕育出众多的描写山水的优秀诗文。而受江南自然环境的影响,山水作家笔下描写"水"的分量比"山"更多。著名的如吴均《与朱元思书》,描写富春江"自富阳至桐庐一百许里,奇山异水,天下独绝"的秀美风光。其中写江水的清澈"水皆缥碧,千丈见底,游鱼细石,直视无碍",生动传神,成为脍炙人口的名篇佳句。显然,没有富春江秀美的水,就不会产生优美的山水文学。唐代诗坛上,有以王维、孟浩然为代表的"山水田园诗派",出现了被诗人闻一多誉为"诗中的诗,高峰上的高峰"的著名七言歌行《春江花月夜》。在伟大的浪漫主义诗人李白笔下,长江、黄河、汉水、洞庭、大海、庐山瀑布,或壮阔、或优美,都成为美的抒情意象,熔铸成脍炙人口的诗篇。宋代大诗人苏轼写长江赤壁的"二赋一词",一直是文学宝库中的经典。可以说,在中华民族的文学史上,写水的文学作家和作品不可胜数,就其创作来源而言,都是以中华大地上的水为创作灵感的。

现代作家沈从文有一篇著名的创作谈《我的写作与水的关系》,其中说到,他的文学创作不是建立在书上,而是建立在水上。沈从文的家乡湘西凤凰县,一条很有名气的沱江穿城流过,两岸是高高的吊脚楼。沈从文从小就在沱江边上生活了十几年,见惯了水边生活的各种人群:水手、船夫、挑夫、妓女,开阔了对生活的认识,促进了对生活的思考。后来沈从文离开家乡,参加地方军队。多年行伍生活,也多在湖南沅江、辰水一带度过,增强了与水的接触,扩大了眼界,加深了对人性的认识。沈从文的很多小说,都是写船上、桥边、码头上的人。他笔下的人物往往都有水的性格，男人像水一样深厚，女人像水那么纯洁，因此他才说自己的写作是建立在水上。后来沈从文到青岛海边生活，见到了更浩瀚的水，创作的小说仍然多与水边生活有关。

20世纪50年代之后，文学创作出现了一个新的动向，即在继承中华民族对水本身的欣赏和审美的同时，一些作家开始描写水事活动中的人物和事迹。如1984年全国获奖短篇小说《惊涛》（作者为江西作家陈世旭），就是以洪水为背景，写出在突然的水灾面前不同人物的言行和性格，生动地显示出人水矛盾对人性的考验。特别是，新中国波澜壮阔的治水实践，给作家的创作提供了丰厚的土壤，成为文学创作的题材，涌现出一大批描写水利人和水利事业的文学作品，为社会民众提供了美好的精神食粮，其中也包含水利职工的文学创作。水利文学刊物《大江文艺》发表的文学作品，作者大都是水利人，内容也都是与水利相关的。

（二）水是文学创作中的"传统形象"

文学用形象反映生活，表达情感。在自然事物中，进入文学创作的形象还有很多，如高山大漠、树木花草、日月星辰等，但它们都没有"水"出现的次数多。在古今中外的文学实践中，水都是文学创作的"传统形象"。这里所说的"水"，是指河、海、湖、池、溪、潭、泉、瀑之类普通形态的水，不包括雨、雪、冰、雾等特殊形态的水，因为后者在文学作品中已成为独立的审美形象。一代又一代作家将水纳入自己的创作之中。写水的文学作品浩如烟海，无法量化统计，从水在文学创作中的作用来看，大致可以分为三大类别。

1. 水独立作为描写的对象

作家不是把水当成人和事的陪衬、点缀，而是以水本身作为描写的重点。如柳宗元的《小石潭记》，写作者在竹林里偶然遇到的一个小石潭，似乎很普通，但作家重点落笔全在于此："水尤清冽。……潭中鱼可百许头，皆若空游无所依，日光下澈，影布石上，怡然不动。"借写鱼而描写水的清澈透明。写游人只是寥寥一句提过而已。当然，独立写水，目的还是为了抒发作者的思想情感。柳宗元笔下小石潭的水，体现了作者孤傲、高洁的情怀，此即王国维所说的"一切景语皆情语"。杜甫笔下的浩瀚洞庭、滚滚长江，也是把水作为独立的描写对象，在水中寄托作者的情思。

2. 水作为人物活动的环境、场景

有些诗歌、散文，主要内容是写人写事，重点不在写水，但是水作为人物活动的场所，起着形成氛围的作用，是抒发情感不可缺少的环境、背景。如为人熟知的唐代诗人刘禹锡的《竹枝词》："杨柳青青江水平，闻郎江上唱歌声。东边日出西边雨，道是无晴却有晴。"写一对青年男女纯真美好的爱情，并将其置于一个优美的水环境里。这里是长江三峡一带，江水平阔，岸边杨柳青青，江上情郎放歌，雨后彩虹亮丽。抒情主人公的纯真感情与美好的水环境融为一体，形成了清新美好的诗歌意境。特别在小说、戏剧等叙事文学作品中，这种以水为背景的故事往往内涵丰富，韵味悠长。《三国演义》写赤壁火烧战船前夕，特意插入了一篇《长江赋》，极力描写长江的壮阔、神秘、充满野性力量，水的美学含义映衬了战争的悲壮色彩和人物的英雄性格。

3. 以水为喻

比喻是文学的常用手法，也是作家常用的修辞方式，生动形象，蕴含丰富的审美效果。如《老子》的"上善若水"，孔子的"逝者如斯夫，不舍昼夜"，李白的"桃花潭水深千尺，不及汪伦送我情"，李煜的"问君能有几多愁，恰似一江春水向东流""离恨恰如春草，更行更远还生"，都属于这一类。在日常生活和民间语言中，以水作比喻的例子非常之多，如"鱼水深情""如石投水""清廉如水""水中捉月""远水不解近渴"等。

（三）水孕育了作家的特色和人物的个性

"文学是人学"（高尔基语），成功的文学创作要写出人的性格和情感。写到与水密切相关的人物时，成功的作家总是会写出富有"水"的个性和风采的人物形象。在小说、戏剧等叙事文学的创作中，这一点体现得非常明显。

当代作家汪曾祺，江苏高邮人。他的很多小说是以其家乡苏北里下河水乡为背景。里下河地区是苏北的"锅底"，地势低洼，河渠纵横，湖泊密布，水里长着密密的芦苇、荷花，水里游着水鸟、鸭子。京杭大运河从旁流过，来往船只如梭。在这里生活的人们，与水朝夕相处，形成了"水"一样的性格。汪曾祺的很多小说就是写里下河水乡的故事和人物，有农民、船家、挑夫、小贩、手艺人，甚至是和尚，他们身份平凡，但都有着水一样的性格特征——纯洁、善良、乐观、开朗，像水一样有韧性，有灵性。虽然贫穷，但不折不挠，顽强地生活着，哪怕做着艰苦的营生依旧闪烁着人性之美。

小说家孙犁是著名的"荷花淀派"创始人，他笔下的很多抗日战争故事，多发生在华北白洋淀。小说集《白洋淀纪事》里，那些抗日英雄们往往是在芦花荡、荷花淀里出没，英勇机智，从容镇定，是一个个富有个性的抗日英雄形象。在孙犁笔下，那些战争的场面不是硝烟弥漫、血腥恐怖的，而是洋溢着一种诗意的氛围——抗日英雄们凭借神奇的水上功夫和智慧，在水面这个特殊战场上四两拨千斤，巧妙消灭了日本侵略者。水的灵性在这些抗日英雄身上得到了生动地体现。

（四）水用于烘托人物性格

在小说、戏剧等叙事文学里，水经常用来渲染环境，为塑造人物性格服务。如《三国演义》《水浒传》，凡是写到水战的地方都很精彩，如草船借箭、赤壁大战、关云长单刀赴会、赵子龙截江救阿斗等，还有《水浒传》里面的水战场面等，这些在水面上发生的故事都很吸引读者。元代戏剧家关汉卿，根据三国故事创作的杂剧《关云长单刀赴会》，写关羽坐在船上，看到滔滔江水，先是一句道白："好一派江水啊！"然后开始了一段唱词："大江东去浪千叠，水涌山叠，年少周郎何处也！破曹的樯橹一时绝，鏖兵的江水犹然热，好教我情惨切！这（也）不是江水，二十年流不尽的英雄血！"赤壁之战，过去多年，周郎已经不在人世，当年的英雄所存无多，昔日的战船无影无踪，然而作为战场的江水好像还是那么滚热。关羽的"情惨切"，不是胆怯、悲观，而是大英雄的悲壮。英雄重临旧战场，唤起了当年的英雄情怀。在这种情境中，可以说长江是关羽化的，已经人格化为一条英雄的河流，关羽也是长江化的，人物和环境已融为一体。在现代文学创作中，大家熟悉的很多作品里，如荷花淀、洪湖、沙家浜，水域都是英雄驰骋的疆场，成为作品里面富有美学意味的叙事空间，在水里发生的一些故事往往富有诗意。

二、水与文学欣赏

文学创作是作家的劳动,而文学欣赏是大众的精神活动。文学欣赏的对象是文学作品,目的在于通过品味作品而得到人文教育和审美熏陶。文学作品里对水的描写多到无法量化统计,不管是作家的有意安排还是巧合,"水"的意象总是与民族的审美传统对接,呈现出或这一类或那一类的美学意义。从欣赏的角度看,文学作品中描写的水,可以分为几个类别,其人文内涵和美学韵味也有区别。

(一)长流不已的水

流动,是水的自然属性。在人的审美感受中,这种自然属性可以化作生命的特征,成为人类生命、人生历史绵延不断的象征,长流不已的水因此而蕴含着深邃悠长的历史人生意味。自孔子临川而生发时光流逝的感慨之后,中国文学史上,常见的一种情感体验就是面对汤汤流水而抚今思昔,感慨水的长流不已如同人类社会的无穷无尽,而流水去而不返正如个体人生岁月的不可挽留。世间人事更迭交替变幻而流水依旧,水似已成为历史见证人。唐代张若虚著名的《春江花月夜》,其精华就在于面对长江流水而抒发了对历史永恒、人生易老、青春易逝的感慨,因此诗人闻一多才盛赞它表达了"强烈的宇宙意识"。按照法国哲学家狄德罗的说法,水在这里已经不是"生糙的自然",而是具有深刻思想内涵的"人化自然"。再如,杜甫名篇《登高》写"无边落木萧萧下",饱含对世事的忧伤和个人命运的伤感,但紧接着一句"不尽长江滚滚来",以浩荡不息的长江比拟人生社会的生生不息,一往无前,全诗意境由此而变为开阔、雄浑、悲壮。苏轼写"大江东去,浪淘尽,千古风流人物。……江山如画,一时多少豪杰。"江水滚滚滔滔,不仅是历代英雄豪杰的见证,也是英雄精神的呼唤者。

由流水而引发的另一种人生感受是生命易逝的悲凉甚至悲观,是对"逝者如斯"的另一个向度的体验。李白写过豪迈雄壮的水,但不得志时也不免慨叹"古来万事东流水",流露出浮生如梦,万事无价值的虚幻感。苏轼这样豪放的作家,伤感时也不免发出感慨:"春色三分,二分尘土,一分流水。"惋惜一切美好之物到头来总要归于尘土和流水,流水的意象蕴含着"无影无踪地消失"之意。小说《三国演义》卷首词《临江仙》上阕:"滚滚长江东逝水,浪花淘尽英雄。是非成败转头空,青山依旧在,几度夕阳红。"也流露出人生空幻的悲凉情绪,与长流不已的江水相比,英雄的声名、业绩显得短暂而又微不足道。上述这些情绪,的确不够豪迈和昂扬,今人可以不学习,不效仿,但应当了解和理解中国古代文学中大量存在的这类现象。

(二)浩瀚博大的水

从审美的角度描写水的浩瀚博大,多取大海、大湖的形象,其浑浩汪洋之态象征着伟大崇高的境界,显示出伟大崇高的阳刚之美。先秦诸子中,庄子对大海情有独钟,他笔下的海不是自然意义上的一片大面积的水,而是已经成为一种宏大精神、气魄、胸怀的形象写照。较早对大海进行写实性描绘的是曹操。他远征乌桓,东临碣石,留下了大气磅礴的《观沧海》:"秋风萧瑟,洪波涌起;日月之行,若出其中;星汉灿烂,若出其里。"海的雄浑壮阔,被夸张到了极致,大海似乎能够吞吐日月,包容天地。曹操作为一个伟大政治家、军事家的广阔胸襟和平定寰宇、统一天下的豪情壮志,已经与大海雄浑浩瀚的形象融为一体了。两千多年后,毛泽东的《浪淘沙·北戴河》词,描绘了雨中大海的"白浪滔天""一片汪洋",景象壮阔、气势浩荡,洋溢着革命领袖改天换地开创新时代的豪迈气概。

(三) 秀美温柔的水

文学中的这类意象多取自山泉、池潭、溪流,也有写江河湖海的。欣赏文学时,用心体会就会发现,作家笔下的这类水具有温柔多情的灵性,风格属于阴柔之美(秀美)。南朝兴起山水文学,南方秀美的水成为作家有意识的审美对象,并在后代文学中不断延续。唐代诗人王维的"清泉石上流"与"明月松间照"共同构成清新秀雅的意境。在李白笔下,朋友的情谊像"桃花潭水深千尺",水的意象具有了色彩(碧)和芬芳(桃花),诗人的情感渗透于其中。现代诗人徐志摩在《再别康桥》中描写英国剑桥大学校园内康河的"波光艳影""一潭清泉",愿在"康河的柔波里做一条水草"。朱自清描写过桨声灯影里的秦淮河、清华园月夜的荷塘,也写过威尼斯流遍全城的河。水在他们的笔下,显得那么明媚、清丽、秀雅、温柔,具有可亲可爱的灵性。

(四) 纯洁清白的水

中国文学里还有一个很有深意的现象——水的清白往往标志着人物纯洁无瑕的品格。在叙事文学里面,常常有投水而死的人物,"逝于水"往往具有特定的美学含义。在现实生活中,人结束生命的方式多种多样,什么人都可以死于水,但在文学作品中,死于水却是体现了作家的情感倾向和美学选择。在文学欣赏时,要体会作家这种安排的特定含义——投水而死的通常是正直、善良的人物。水能够使万物就化以洁,文学家把水的这种自然属性作了美学意义上的延伸——水还可以洗去精神上、名誉上的种种尘垢,还其以清白。中华文学的审美意识中,水是一个清白的处所,投入水中的人物,总是具有善良纯洁的品格。在民间故事里,屈原是自沉汨罗江而死的。汉乐府《孔雀东南飞》的女主人公刘兰芝,一个勤劳善良美貌可爱的女性,因为婚姻破裂,选择的死法是"举身赴清池"。明代小说《杜十娘怒沉百宝箱》,京城名妓杜十娘追求真诚的爱情,但遭到富家公子欺骗,她在将金银珠宝抛入大江之后,自己也投入了滔滔江水。现代作家巴金的名著《家》里,那个聪明可爱的丫鬟鸣凤,暗恋三少爷觉慧但没有机会表白,后来高家要把她卖给一个老头子去做小妾,她坚决不从,选择投湖而死。在整部小说中,鸣凤投湖是非常动人的一节。

为什么作家都安排这些人物死于水?因为这些人都是善良、正直、纯洁的,生前可能受了种种误解、误会,甚至诬陷、欺骗,但是他们结束生命时,一定要选择一个清白的处所,那就是水。这已经形成了中华文学的一个审美传统——水的清纯衬托出人物性格的纯洁、美好。如果作家不遵循这样的规律,让一个恶贯满盈的坏人投水而死,就等于破坏了文学的审美规律,难以被读者接受。

第三节 水 与 艺 术

艺术是以审美态度认识世界、用形象反映生活的社会意识形态,包括文学、绘画、雕塑、音乐、舞蹈、戏剧、电影等。文学是艺术的一个重要门类,上一节已经单独阐述了水与文学的关系,本节将阐述水与其他艺术类别的关系。

一、水与艺术的互动关系

艺术是人类的创造,但以社会生活为源泉,如上一节所说,广义的"水",包括水体、水景观、水事活动、水工程成果,在社会生活中占有重要位置。"水"作为人类社会最基础的生活内容,与艺术创造之间存在着活跃的"互动"关系。概而言之,"互动"体现在三个方面:第一,水是艺术创作的重要题材之一,古往今来,描绘和表现"水"的艺术作品浩如烟海,无法统计其数量;第二,水是激发艺术家创作灵感的重要媒介,水的灵性能够唤起艺术家心灵的共鸣;第三,表现水的艺术作品一旦产生,就成为水文化传播的重要途径,使水更广泛地进入民众的生活之中。大量艺术实践证明,水景之美、水工程建造过程中的美以及劳动产品的美,会成为艺术家观照、欣赏的审美对象,并成为他们的创作内容。古往今来,众多画家、音乐家描写水、咏唱水,留下了很多优秀作品。而水的灵动也是激发他们创作的动因。中国古人说:"山林皋壤,实文思之奥府。"艺术家的创作通常得"江山之助",从而促成艺术作品的产生。艺术是人类创造的"第二现实"。但是艺术作品一旦产生就具有超越性,即它们超越了水景、水工程本身的空间限定性,能使它们的审美形象在社会上广为传播。这些载入艺术作品的水景观、水工程,就会因此而增加了文化内涵,提升了文化品位,极大增强了社会知名度和影响力,并跨越时代,为后人所了解和欣赏。例如,都江堰名闻海内外,除了"道法自然"的工程实体之外,还离不开由工程衍生出的历代题词、雕塑、楹联、碑刻等艺术元素。北京十三陵水库是20世纪50年代修建的,水库内的精美书法,许多作家创作的诗歌、散文,画家、摄影家留下的美好画面,这些艺术元素都与十三陵水库结为一个整体,丰富了它的文化内涵。半个多世纪过去了,很多水库的规模和实际效益都超过了十三陵水库,但十三陵水库的文化知名度随着岁月的积淀而不断增值,现已经成为北京的一处著名旅游景观,由此可见艺术影响力的持久性。

二、水在各类艺术中的表现

(一)水与绘画

水在所有的绘画中都有重要作用,特别是山水画中水是重要的表现主题。以水为题,表现山水风光、田园景色、水利工程、治水人物等,构成社会缩影的历史画卷,对研究当时的经济、地理、风俗以及水利工程等,有很高的历史价值。被誉为"唐画之祖"的隋朝画家展子虔是著名的山水画家,他的传世作品《游春图》就展现了水天相接的广阔空间,青山叠翠,湖水融融,仕女泛舟水上,微波粼粼,桃杏绽开,绿草如茵,展子虔以浓烈色彩渲染,烘托出秀美河山的盎然生机。

(二)水与音乐

音乐是用声音塑造艺术形象的听觉艺术和表演艺术,是通过演唱或演奏,发挥特殊美学功能,使听者获得艺术的感受。《乐记》云:"大乐与天地同和","洋洋乎若江河",说的就是水与音乐之间的关系。

歌词,古今许多歌词都是与水有关。如《黄河大合唱》是著名抗日之歌,由冼星海谱曲,光未然作词。"风在吼,马在叫,黄河在咆哮,黄河在咆哮,……青纱帐里,游击健儿逞英豪……"以黄河的气势,歌颂两岸人民英勇抗日的壮举,歌颂祖国的伟大和人民的勤劳勇敢,塑造了中华民族的巨人形象。近代和现代歌曲如《一江春水向东流》《洪湖水浪打浪》《大海啊大海》等,不胜枚举,流行广泛,家喻户晓。

曲调，古今许多名曲与水有关或以水命名。如《春江花月夜》原是琵琶曲，约在1925年，由上海大同乐会的柳尧章和郑觐文首次将琵琶曲改为民族管弦乐曲，中华人民共和国成立后经多次改编，更趋完善，驰名中外，堪与世界名曲《蓝色多瑙河》相媲美。此曲分十一段，其中四段《临水斜阳》、六段《巫峡千寻》、八段《临江晚眺》、九段《渔舟唱晚》、十段《夕阳影里一归舟》都以水命名。与水相关的名曲还有许多。

（三）水与戏剧

戏剧是艺术表演的主要形式之一。其剧种、剧本、服饰、道具、表演等，都与水有关。与戏剧的关系主要表现在以下几个方面。

（1）剧本。不少剧本的题材都与水密切关联。这些剧目是我国文化遗产的优秀作品，在群众中影响深远。涉水剧本：神话戏有《天仙配》《白蛇传》《虹桥赠珠》《张羽煮海》《柳毅传书》；爱情戏有《杜十娘》《游西湖》《樊江关》《水漫蓝桥》《陈姑赶船》《追鱼》等；历史剧有《群英会》《淝水之战》《水淹七军》《汾河湾》《骆马湖》《白水滩》《钓金龟》等；现代戏有《黄浦江激流》《柳树井》（老舍编剧）及著名的《沙家浜》《龙江颂》《风雪摆渡》等。

（2）唱腔。许多剧种的唱腔和曲牌以水命名，如京剧的流水板和二流板、昆曲的水磨腔、赣剧的浦江调、淮剧的下河调等。曲牌中有《满江红》《一江风》《绕池游》《江儿水》《混江龙》等。

（3）服饰。传统戏中的蟒袍、龙套衣、团龙马褂皆有水波浪和龙形纹饰，水族服饰中有龟、虾、鱼等专用服饰，生旦服饰多有加长的白袖，称为水袖。

（4）表演。水袖表演是中国戏曲的一大特色，是把日常服饰加以美化夸张而成。水袖的表演有抖袖、翻袖、扬袖，形成固定的程式。在武打表演的毯子功中有"乌龙绞柱"，在龙套表演舞台调度上有"二龙出水"等。

（四）水与雕塑

雕塑是雕、刻、塑三种艺术方法的总称。它是利用砖、石、玉、木、竹、骨、金属等材料，通过塑、雕、刻制作的各种艺术形象。古往今来以水为题材的雕塑，不仅是价值连城的文物古迹，也是研究古今水利十分难得的资料。

在古代水利石雕中有三处最为名贵：一是西安现存的西汉长安昆明池东西两岸的牵牛、织女石像，为整石雕刻，造型简洁，动态含蓄，高2m有余，是中国古代园林雕塑最早运用的象征性雕塑；二是四川都江堰立"三石人"用以观察水情消涨，在江中埋石马作为淘滩标志，开创了中国古代水文测量的先例；三是四川涪陵县长江中的"白鹤梁石鱼"，是利用长江河床天然石梁题刻水文标记的文物古迹，东西长1600m，南北宽10m有余，共存石刻题记163段，石鱼图14尾，记录了长江72次枯水情况，是研究水文、航运的原始资料。

中华人民共和国成立后，以水为题的雕塑也有许多佳作，无一不体现出水利在古老的雕塑艺术中的重要地位，以及以水为题材的雕塑作品的艺术价值，同时也反映出水文化在人们的意识形态领域的重要作用。例如，天津市建成了大型引滦工程组雕；重庆市建成了大型"大禹治水浮雕"；南京市莫愁湖重雕了莫愁女塑像；哈尔滨市松花江畔建成了防洪纪念塔人物雕塑；郑州市黄河游览区建有高10m、重达1500t的大禹治水塑像；广西合浦县城建成了二龙戏珠大型雕塑；广西北海市北部湾广场建成了贝珠和人物金属雕塑；陕西临潼华清池新雕的贵妃出浴石像；陕西泾阳李仪祉陵园建成了李仪祉半身石雕像；西安理工大学建成了近代水利科学家李仪祉全身石雕像。

（五）水与建筑

建筑艺术是按照美的规律，运用独特的艺术语言，表达出具有文化价值和审美价值的建筑形象。而任何一项水工建筑都是一部建筑艺术的作品。水工程的闸、坝、堰、桥等从布局到造型都有不同程度建筑艺术的元素。

闻名世界的都江堰水利工程就是一项造福人民的伟大水利工程。都江堰工程壮丽，吸引人的是都江堰的水。因为它总是带着飞奔的力量踊跃着喧嚣的生命，但又极有规矩，该分流就分流，该转身则转身，颇似一匹狂野而听话的骏马穿梭在都江堰。著名作家余秋雨参观完都江堰后写道："看云看雾看日出各有胜地，要看水，万不可忘了都江堰。"

总之，艺术作品作为一种特殊的社会意识形态，是艺术家审美意识的物态化，美的艺术作品是艺术家根据社会生活和自己的审美理想创造出来的具体生动的作品。而艺术家在社会生活中是离不开水的，无论他们是在喧闹的都市中，还是在宁静的乡村，也许是因为滴滴的露珠，也许是因为湍急的溪流，也许是因为浩瀚的大海……，都会从水中萌发出一个独特的艺术形象，创作出美轮美奂的艺术作品，使这个世界变得更加美丽，为建设美丽中国作出应有贡献。

第四节 水 与 信 仰

信仰属于社会意识形态范畴，是社会发展到一定阶段的产物，它起源于人类超越现实的无限和弥补人自身局限性的渴望。本节所说的信仰是广义的，既包括对抽象的理论、思想的服膺和追求，也包括对具体的人和物的崇尚和膜拜。在社会心理上，表现为影响人们精神生活的某种力量；在社会行为上，则表现为各种相应的风俗行为。事实上，一方面，崇拜与信仰经常结合在一起，它们都是人类心灵的产物，精神的寄托，但二者又有明显的区别，崇拜是人们对物、人（或神）个体的尊敬和拜服，信仰则是人们被某种主张或神秘力量所震撼从而在意识中建立起的世界观和价值观。另一方面，信仰与风俗经常联系在一起，如一枚铜钱的两面，互为依存、互为表征、互为存在，信仰是风俗的基础，风俗是信仰的表象，如心理方面的风俗是以信仰为核心反映在人们心理上的习尚，表现在诸如自然崇拜、图腾崇拜和祖先崇拜上；行为方面的风俗是与信仰密切关联，表现在祭祀、婚仪、祈禳等仪式和岁时节日、娱乐、游艺等活动上；语言方面的风俗则是信仰、思想、感情在传承艺术上的表达，如神话、传说、歌谣、说唱等。

水是生命之源，与人类的繁衍生息紧密关联，而且水带给人类的祸福远远超过其他自然物。水为天地万物本源的意识，对水的依赖、畏惧与自我保护的生存意识，使人类在很早的时候就产生了对水的崇拜观念。进入农耕社会后，随着人类智慧的渐开，使得水崇拜逐渐成为一种根植于农业社会生活土壤中的自然宗教，它以水的神秘力量、各类水神为崇拜对象，以水生万物、水神司雨水观念为基本内涵，以祈求降雨、止雨和生殖繁衍仪式为表现形式。由于古人对自然和社会的认知能力有限，只能借助超自然的力量，许多有关水信仰的现象被打上浓重的迷信烙印，包含着许多光怪陆离、不可思议的成分，并渗透到人们的思维和行动中，深深地影响了中国传统社会的政治、宗教、科技、艺术以及文化习俗等各个方面。直到今天，这种神秘文化中的某些因子还潜藏在人们的心灵深处，成为特有的"集体无意识"。

一、水与"拜物信仰"

蒙昧时期的先民，很难从科学规律上理解有关自然、生命和社会的许多问题，便对一些自然物和自然力，如天地宇宙、日月星辰、风雨雷电、江河湖海等产生了敬畏和崇拜。当然，那时的先民自然崇拜的对象是自然物本身，而不是后世所谓的"神"，而是"物"，处于"拜物信仰"阶段。

对自然水体的崇拜现象可以从史前文化遗存的陶器刻纹中找到印记。仰韶文化、大溪文化、屈家岭文化等文化遗存中出土的陶器，上面绘有大量的条纹、涡纹、三角涡纹、漩纹、曲纹、波纹等代表水的纹饰。对先民们来说，把水的各种形象绘制在陶器上，主要不是从审美和装饰需要出发，因为"人类最初是从功利观点来观察事物和现象，只有后来才站到审美的观点来看待它们"。陶器上的水纹，体现的是先民们对水的信仰和祈求（即认为生活中的祸福吉凶与水相关），它的功利目的是不言而喻的，直接表现水的各种流动形态的水纹，说明水的崇拜信仰最初的对象是水体本身。

水体崇拜对象在古代典籍中也有所反映。在典籍中，一些河水、泉水等被称为甘水、甘露、玉膏、丹水、酒泉、神泉等，并被赋予种种神奇的功效——或能使人和物获得生长的力量，或能招致祥瑞，或可调药治病乃至使人长生不老。另外，在我国少数民族有关祭祀井泉、河流等仪式的民俗中也保留了不少原始水体崇拜的痕迹。人们在水边举行祭祀水的仪式时，既不供奉各类动物水神，也不祭祀各种人物水神，而是直接对着水体行祭。

人类对于水体的崇拜，实际源于人们对水的生命力、生殖力和生长力的信仰。这种信印，可以从中国古代神话传说中找到蛛丝马迹。

中国的创世纪神话大多与水有关。上古流传下来的最著名的创世大神是盘古。《五运历年记》载有盘古化生万物的图景："首生盘古，垂死化身，气成风云，声为雷霆，左眼为日，右眼为月，四肢五体为四极五岳，血液为江河，筋脉为地理，肌肉为田土，发髭为星辰，皮毛为草木，齿骨为金石，精髓为珠玉，汗流为雨泽，身之诸虫，因风所感，化为黎甿。"

这则神话对天地万物形成的看法虽然是幼稚的，但它朴素地认识到了世界的物质性。巨人盘古在"垂死化身"，把身体的一切都交付给大自然、变成世界万物的过程中，身上的血液脂膏变成了江与海，流下的汗水变成了滋润大地的雨水，甚至哭泣的眼泪也变成了江河。盘古死后的这些变化，表现了古人对创世的圣物——水的生命力的信仰。

女娲是我国古代神话中著名的创世神、生殖神，也是水神。"娲，古之神圣女，化育万物者也。""俗说天地开辟，未有人民，女娲抟黄土作人，剧务，力不暇供，乃引绳于泥中，举以为人。"在开天辟地之初尚没有人类时候，大神女娲用一团团的黄泥捏成人，因为她想捏出很多的人，感到十分吃力，便想了一个办法，拿一根绳子，将其伸进泥潭中，挥搅泥浆，向四面挥洒，泥点溅落，变成许多活蹦乱跳的小人。为了免除无休止造人之苦，女娲又把男人和女人配起对来，让他们自己繁殖后代。造人用的泥，自然是由水和黄土搅拌而成。水是生命之源,又是人体中重要的组成部分,造人是离不开水的。神话中虽然没有明说,但明确地透露出水是化育人类不可或缺的组成部分的观念。

当人类逐渐走出蒙昧的樊笼,认识到女子在生育中的重要作用时,就不再相信人类和天地万物是生于水或雾气之类的物质。这样,女子感生的神话便应运而生,即认为妇女与某种灵物结合或意念涉及某灵物便能受孕生子,且所生之子多为远古部落的首领。《山海经·海外西经》载:"女子国在巫咸北,两女子居,水周之。"郭璞注:"有黄池,妇人入浴,出即怀妊矣。若生男子,三岁辄死。"可见,女子国无男,繁衍后代方式是在水中沐浴。《史记·殷本纪》:"殷契,母曰简狄,有(娀)氏之女,为帝喾次妃。三人行浴,见玄鸟堕其卵,简狄取吞之,因孕生契。"契(传说是舜帝的臣,助大禹治水有功而封于商)是商之先祖,虽然不是其母直接浴水或饮水而生,但同样是行浴时感生的结果。可见,当时商部族的图腾是玄鸟即俗称的燕子。后来,随着水神的出现,导致女子怀孕的水逐渐被水神所替代,产生了女子感应雷、电、风、虹、蛇、蛙等水神而生子的神话。

值得指出的是,上述女子感水生子的神话,无论怎样变化,都或明或暗地显示出对水所包含的生命力的信仰。

二、水神崇拜

大约到了旧石器社会的晚期,随着人类的进化,产生了万物有灵的观念,即认为天下万物和人一样,皆有灵魂,支配着它们的活动。在这种信仰下,人类认为那些自然物和自然力的形态和变化一定会有冥冥之中的神秘力量——"神"主宰着。正如《礼记·祭法》所说:"山林川谷丘陵,能出云,为风雨,见怪物,皆曰神。"出于依赖和恐惧心理,产生了多神信仰,但从类别而言,不外乎超自然神上帝、自然神崇拜和祖先神崇拜三大板块的信仰系统。

一般认为,上帝的观念出现于夏商时期,由于地上王权的确立,从史前的多神崇拜中产生了至上神——上帝的信仰。在古人的观念中,上帝神虽不是单纯的水神,但由于它为天地和人间万物的总管,无所不能,当然对天上云雨和地上的水体、水情具有强大的主宰力。殷墟卜辞中就有不少关于天神主宰雨水的记载,如:"今三月帝令多雨?""帝其令雨?帝不令雨?"等。这说明在殷人的心目中,雨水也是由天神主宰的,天神叫下雨就下雨,天神不叫下雨就不下雨。因此,要得到雨水,就要向天神祈求。

古人信奉的自然神,既包括日、月、星、云、风、雨、雷、电、旱、涝等天象或气象神的崇拜,又包括山川土石等地神,还包括飞禽走兽、鱼虫等动物或植物神。夏商周时期,人们对日月星辰的信仰观念中,认为这些"天神"具有变幻天象、刮风鸣雷下雨致旱等神力,因而崇拜有加,"日月星辰之神,则雪霜风雨之不时,于是乎禜之"。人们对日月星辰之神操纵的水旱灾害无可奈何,只好通过祭祀讨好之,祈求旱降甘霖、涝止降水。可见,日月星辰之神虽然不是纯粹的水神,但在当时人们的信仰中却具有司水的神能。

除了无所不能的上帝和身兼多职的日月星辰之神外,人们崇拜信仰的比较纯粹的水神到底有哪些呢?古人经过多年的"探索"和"整合",逐渐创造出一个庞大的水神系统——动物水神有鱼、鳄、蛇、蛙、牛、河马、蜥蜴、猪等;河川水神有黄河神河伯、淮河神无支祁、洛水神宓妃、湘水神潇湘二妃、运河水神谢绪等;海神有海若等;气象水神有风伯、雨师、云中君、雷神、虹神等;人物水神(包括神话人物和历史人物)有女娲、共工、羿、夸父、禹、李冰父子等。需要强调的是，在中华民族的水神信仰中，有一个司水水神的集大成者——龙，它是在水崇拜观念基础上形成的一种观念形动物（虚拟的生物），其形象是以蛇为主体的多种水神动物整合的产物。龙神通广大，但其最主要、最基本的是兴云布雨和掌控江河湖海等水府。

进入文明社会后，随着大一统国家的形成，中国的水神信仰系统逐渐趋于规范化、制度化，并形成了错综复杂的领属关系，如上帝神统领四方神、山川神、气候神等。

水是农业的命脉，在生产力相对落后、主要是靠天吃饭的中国古代社会，这个"天"或命脉主要指雨水而言，也就是说，原始农业的丰收在很大程度上是建立在风调雨顺的基础上的。农业对于雨水的过分倚重，使得雨水崇拜成为一种最普遍、最重要的现象之一，并由此生出了各种祈雨活动。祈雨，又叫求雨，是围绕着农业生产祈禳丰收的巫术活动，主要方式包括祭祀祈雨和巫术祈雨两大类。商周时期，祈雨主要有曝巫或焚巫、雩祭、祈龙等。曝巫或焚巫，指把巫师置于烈日下曝晒或用燃烧的木柴烧烤，但不是把巫师晒死或烧死，而是使他们热得难受，以期感动神灵降雨。祈龙，是建立在龙为雨水之神信仰的基础上，通过祭拜龙神或奉献牺牲等方式，"以龙致雨"。雩祭，也是祈雨祭祀的一种重要方式，自商代开始流行，周以农业立国，雩祭之风更盛，宫中专设雩祭官及舞雩的女巫。雩祭分为"常雩"和"因旱而雩"两种。常雩为固定的祭祀，即使没有旱情，也要举行祭祀，时间为"龙见而雩"，即每当孟夏四月黄昏，龙星升起于南方时，国家要举行专门的雩祭之礼。"因旱之雩"，是指旱灾降临时增加的祭礼。《周礼·春官·宗伯下》说："若国大旱，则率巫而舞雩。"雩祭之礼，天子、诸侯都要进行，天子雩于天，称为"大雩"；诸侯雩于境内山川，只能称为"雩"。大雩在都城的南郊之旁筑坛，雩祭的对象，除了上帝外，还有"山川百源"、神祇及先神等。雩祭中，不但有曝（焚）巫祈雨、作土龙祈雨等方式，还有祈告之辞。文献中有商汤祷旱的记载，《吕氏春秋·顺民》说："昔者汤克夏而正天下，天大旱，五年不收，汤乃身祷于桑林，曰：余一人有罪，无及万夫，在余一人，无以一人之不敏，使上帝鬼神伤民之命。于是剪其发，磨其手，以身为牺牲。"汤不但象征性地剪断指甲以身为牺牲外，还念念有词，把导致干旱的责任揽在了自己身上，充满悲壮色彩。古代除了天旱祈雨外，每当淫雨不止，构成洪涝之患时，还要举行去雨、退雨、宁雨之祭，如"宁雨于社"，即向土地之神献祭止雨。

从原始社会末期到近代，数千年来祈雨活动沿袭不衰。唐宋以后，祭祀祈雨与巫术祈雨分道扬镳。官方祈雨一般只采取祭祀形式，而祈雨巫术主要流行于民间。

除了雨水之外，地上的各种水源（水域）也是人们崇拜信仰的对象。《礼记·月令》说，周代官方每年都要举行两次规模较大的祭祀水神活动：一是仲夏之月，"命有司为民祈祀山川百源"；二是仲冬之月，"天子命有司，祈四海、大川、名源、渊泽、井泉"。《礼记·学记》又说："三王之祭川也，皆先河而后海。"可见，在华夏民族对各种水神的崇拜祭祀活动中，河川神享有极其重要和独特的地位。这种现象表明：河川特别是黄河、长江等大江大河与中华民族的繁衍生息和文明进步有着十分重要的关系。参照世界其他古代文明的发源史可见，凡在大河两岸发源、发展起来的民族，几乎都有对河（神）的崇拜现象，如古埃及人崇拜尼罗河，古巴比伦人崇拜底格里斯河和幼发拉底河，印度人视恒河水为圣水。这种对河的崇拜，是因为这些江河是滋养培育这些民族的摇篮。

从周代开始，长江、黄河、淮水、济水这四条最著名的河流（称"四渎"）就被列为国家祭祀的对象，汉朝形成定制，一直沿袭至清。在古人的观念中，江河水神的居住地往往是源头区——河出昆仑，江出岷山，淮出桐柏，济出王屋。淮水、济水较短，且源头就在中原腹地，祭祀的场所放在源头不成问题，但黄河、长江源远流长，源头远在天边，与中原相距遥远，故只好退而求其次，象征性地把祭祀的地点放在河或江的中下游的某一处。如汉宣帝神爵元年（公元前61年），厘定五岳四渎祀典，"河于临晋，江于江都，淮于平氏，济于临邑界中，皆使者持节侍祠。唯泰山与河岁五祠，江水四，余皆一祷而三祠"。可见，官方对"四渎"祭祀是有等级差别的，祭祀的地点分别是：黄河在临晋（今陕西朝邑县东南），长江在江都（今江苏江都区），淮水在平氏（今河南桐柏县西北），济水在临邑（今山东临邑县），并形成了定期祭祀的制度。

隋朝统一华夏后，重新确定了"四渎"的祭祀地点和制度。如将祭祀济水之神的济渎庙设在了济水源头王屋山上（位于今河南省济源市西北2km济水东源处的庙街村）。经过千余年的风雨沧桑，济渎庙至今犹在，成为"四渎"祭祀场所中保存最完整、规模最宏大的历史文化遗产，特别是济渎庙中仍保存了大量石碑，记载了多朝祭祀的情况，历史价值不菲。据这里的碑记记载，隋唐及其以后各朝，凡国之大事，如战争、政权更迭、祈雨甚至皇室成员的生死等，都要遣使向济渎祭告。按照碑文所记，参加祭祀的官员祭祀前都要净身素服，而且要按照官阶高低穿戴不同色彩的祭服，佩戴不同的装饰，行礼时所配的音乐也不同。民间对济渎神的祭祀更为经常，而且延续至今。

中国地域辽阔，民族众多，居地分散，先民们信仰与崇拜的自然物有较大的差别。一般情况下，人们总是把与自己生活密切相关的自然物作为信仰与崇拜对象。因此，居于大江大河河谷平坝的人多祭祀河神、江神；居于湖泽附近的人多崇拜湖神、渊神；居于海滨的人多敬拜海神。如自古以来，沿海地区海神庙林立，渔民出海打鱼前必到海神庙去祈祷祭拜，以求海神保佑出海平安和满载而归。另外，由于中国古代的农耕社会，处于自给自足的自然经济下，人们主要生活在一个相对狭小和封闭的小天地（村落）内，日常的生活、生产都离不开水，因而对于本地的水源如泉水、井水、水塘等自然会产生依赖和保护意识，故居于那里的人们崇拜的祭祀水源主要是泉、井和池塘，比如，汉族乡村普遍存在着祭祀井神的遗风，说明水井对于人民生活有着十分重要的作用。又如直到今天，我国一些少数民族仍有对与自己生活密切相关的潭、渊、溪等水源进行祭祀的风俗。

三、治水英雄崇拜

世界上任何民族的文化，都经历了一个由神为本位向以人为本位的发展过程，这是由生产力水平和人类认识自然、改造自然的能力所决定的。从中华民族对水信仰崇拜的演变和发展轨迹看，同样经历了对自然水神——人化水神——治水英雄的过程。与世界其他民族相比，中华民族的祖先崇拜历史更悠久、意识更强烈，"其表现之一就是神化祖先的能力和功绩，把他们奉为神灵进行祭祀，祈求保佑"。

神话是人类仰望天际开始的，而当人类思索自身起源的时候，也就到了英雄神话的阶段。英雄神话中的"英雄"不是神，而是半神半人，或是受神的力量支持的人，其所创造出来的英雄业绩构成英雄神话。从创世纪神话到英雄神话，是一个由神而人的演进过程，也是一个神性退隐、人性逐渐凸显的递进过程，它是人类原始悟性文化向理性文化靠拢的早期阶段。

面对滔天的洪水，光靠神的启示来躲避水灾毕竟不是良策，于是有关治水的英雄神话便横空出世了。先是女娲挺身而出，补苍天，治洪水，拯救万民于水深火热之中。《淮南子·览冥训》记述道："往古之时，四极废，九州裂；天不兼覆，地不周载；火爁焱而不灭，水浩洋而不息；猛兽食颛民，鸷鸟攫老弱。于是女娲炼五色石以补苍天，断鳌足以立四极，杀黑龙以济冀州，积芦灰以止淫水。苍天补，四极正；淫水涸，冀州平；狡虫死，颛民生；背方州，抱圆天。"

袁珂先生在《古神话选释》中这样解读女娲治水、补天的神话：看似情节纷繁，实际主要还是一个洪水为患、女娲拯救人类、诛灭妖怪、战胜洪水的故事。神话所说的第一件事，"炼五色石以补苍天"，石头正是堙塞洪水必需之物，补天无非是要补住淫水不息的漏水之天。其余三件事，"断鳌足以立四极，杀黑龙以济冀州，积芦灰以止淫水"，更全是平患洪水的事了。鳌与黑龙，都是兴风作浪的水怪，鳌足撑天，说明鳌足之巨大；杀黑龙而中原人民得到拯救，足见黑龙是何等的凶猛。至于"积芦灰"，直接的目的就是"止淫水"。由此可以，女娲是神话中最早的一位治水英雄了。

上古的时候，除了洪水是人类的大敌外，干旱对人类的生存同样是重大的威胁。于是，人们又创造出勇敢无畏的抗旱英雄来，寄托同大自然抗争的理想和愿望。夸父逐日的神话是我国古代与旱魔斗争的著名神话之一。《山海经·海外北经》说："夸父与日逐走，入日。渴欲得饮，饮于河、渭，河渭不足，北饮大泽，未至，道渴而死。弃其杖，化为邓林。"夸父为了与炽热的太阳相抗争，义无反顾地踏上了追逐太阳的征程。因逐日而渴，他喝干了黄河、渭河的水，又去北方的大泽找水，不幸死在了找水的路上。尽管夸父因逐日而渴死，但其死后，"弃其杖，化为邓林"。邓林即桃林，与桑林一样，都是古人信仰中的雨水生出之所。

但是，神毕竟是人类凭幻觉和想象构造出来安慰自己、鼓舞自己、或者说"欺骗"自己的"异化"之物，它并不能给人类一丝一毫的帮助。从水与人类的关系上看，随着历史的进化，日益聪明的人类逐渐发现：尽管不断地、虔诚地向水神进行供奉和祈祷，但"天命靡常"，水旱灾害侵袭人类的现状并没有因此而改变，而人类通过自身的力量整治江河、疏浚沟洫，却往往能收到减少或避免水旱灾害的成效，尤其是大禹、李冰等治水英雄领导人民降伏水患、造福世人的生动事例，使人们更加清醒而深刻地认识到，与其把命运寄托在"神"的身上，不如自己奋起抗争，尽"人事"之力，以改变受制于大自然的被动局面。在这种文化心理下，春秋战国以后，治水英雄逐渐成为人们崇拜祭祀的对象。

大禹是中华民族最为崇敬的治水英雄，他的治水业绩虽不乏神话的色彩，但在百姓信仰中，那些神话都是神圣的"真实"。人民为了永远纪念他，便在他治水足迹遍布的神州大地上修建了许多纪念建筑物，如建在安徽怀远东南涂山之顶的禹王庙（又名"禹王宫""涂山祠"），相传这是大禹当年会诸侯计议治水的地方。涂山禹王庙始建于唐代以前，主要建筑物有禹王庙和启母殿，内供奉着大禹像和启母像，每逢农历三月二十八大禹诞辰这一天，当地人们都要举行隆重的庙会，以缅怀大禹平治水患为民造福的功德。

另一位被人们十分推崇的治水英雄是战国时期的水利专家李冰。李冰是战国末期蜀国的郡守，他曾在岷江流域兴修了许多水利工程，特别是率众修筑了盖世无双的水利工程——都江堰，泽惠川西人民，一直为后人所敬仰。为了纪念李冰的治水功绩，后人在岷江边的玉垒山上修建了"崇德庙"。据《灌县乡土志》卷三载："崇德庙每岁插秋毕，蜀民奉香烛祀李王，络绎不绝。唐宋时蜀民以羊礼祀李王，庙前江际，皆屠宰之家，岁至五万余羊"，可见当时祭祀的盛况。

除了大禹、李冰之外，春秋时的孙叔敖、战国时的西门豹、东汉时的马臻、元代的郭守敬、明代的宋礼等治水名臣，也曾被人们视为水神，建庙祭祀之，至今香火不息。

对江河的自然崇拜渐转变为对治理江河英雄人物的崇拜，是人类社会发展进步的重要标志。尽管祭祀大禹、李冰等治水英雄的活动同样也包含有一定的迷信色彩，还未能从根本上挣脱神权的羁绊，但是，神化大禹、李冰，毕竟是人类思想进化上的一大飞跃，是对迷信虚幻水神愚昧观念的否定。于是，以神为本的文化便逐渐向以人为本的文化过渡，"人们从惶恐地匍匐于天神脚下的奴婢状态中逐渐解脱出来，在理性之光的照耀下，开始伸直腰杆，着力创造现世的美好人生"。

四、水信仰与道教

道教是中国土生土长的宗教，它以老子为教主，以"道"为最高信仰，以追求长生不死为目标，是在先秦时期神仙信仰的基础上，融合道家思想，于东汉末年形成的。产生于上古时代的水崇拜观念，对道教的形成与发展产生了深刻影响——道教的宇宙观、基本信仰及其他理论以及神仙谱系、法术、仪式等，都可以从水崇拜这个原始宗教中找到根源。

道教的宇宙观，是把"道"这种超越时空的神秘力量作为宇宙本体、万物本原，这与中华水崇拜水生天地万物观念一脉相承。中华传统水崇拜，把水视为天地万物的本源，而水又可以化为水气、云气，于是又引申出了气生人和天地万物的观念。道家的重要经典《太平经》说："一气为天，一气为地，一气为人，余气散备万物。"即认为"气"是生成天地万物的始基。道教论及这种"气"的形态，说它"清微不见""元气无形，汹汹隆隆，卧者为地，伏者为天"。而这种看不清、摸不着，弥漫于天地之间的"气"，其形态特征无疑就是"水气""云气"。

道教的长生不老理论，同样基于人的生命由气或精气构成的观念——气不离身，人就可以长生不死。而要做到长生不死，就要修炼成仙；修炼的方法之一便是"服气"，即通过"食气"而不食五谷，使自己身轻如气，从而升天成为神仙。

道教还从气生人和天地万物的宇宙观出发，来创造自己的神灵，把道教诸神说成是由气化成的。道教中的不少神仙，就源自中华传统的水神系统，如龙王、雷神、雨师等，这些民间信仰的司水之神，被道教纳入了自己的神仙谱系。

龙神作为中国水神的代表，很早就被道教看中，并被改造成神通广大的"龙王"，主宰着江河湖海渊潭井泉等各种水府。以海龙王为例。道教中有四海龙王之说，即东海龙王敖广、南海龙王敖闰、西海龙王敖钦、北海龙王敖顺。雨师是民间信仰中颇为重要的司雨神灵之一，道教将其改造成仙人——赤松子，还不惜力气编造出他修炼成仙的故事。雷神也是民间信仰中的重要水神，经道教改造，演化成最高的天尊雷神与部将雷神。一说天尊雷神的部将为二十四位"催云助雨护法天君"；另一说天尊雷神总司五雷（天雷、地雷、水雷、神雷、社雷），道教招雷致雨的法术——"五雷天心正法"即源于此。

道教在吸纳改造传统水崇拜中的一些水神的同时，为了迎合广大民众的信仰心理，扩大自己的影响，还创造出一些具有司水神能的神仙。比如天、地、水三官大帝中的水官大帝，被道教塑造成天下水神的总头目。《三官经》说水官大帝"居青华宫中，部四十二曹，主管江河淮海水域万灵"。再如真武大帝（又称玄武大帝），也是道教的创造，是蛇神与龟神合一而演变成的人格神。《后汉书·王梁传》："玄武，水神之名。"李贤注曰："玄武，北方之神，龟蛇合体。"蛇与龟都是古人信奉的水神，集于玄武之身，便赋予了其更强的司水神性。此外，道教中呼风唤雨的玉皇大帝、履海如行平地的八仙、职掌当地水旱疾疫的城隍、拯救海上困厄的妈祖，其神性都与水有着千丝万缕的联系。

传统水崇拜信仰中水具有驱邪祛病功能的观念，在道教的法术、仪式中多有体现。比如，符水施咒，是道士为病人驱魔治病的重要法术，其基本方法是让病人饮用经道士画过符、施过咒的"法水"，从而达到驱邪除病的目的。又如，道教在承袭传统的祈雨仪式中，对其加以改造，通过设坛、安置尊像、诵经、献祭等，形成既有传统因袭，又有道教独创的程式化、规范化的祈雨仪式。再如，道士在做法事（打醮）活动之前，要进行沐浴，以"洁净身体"，表示对神明的尊重。这种"沐浴"之举，同样源于对水驱邪力量的信仰。

五、水信仰与风水观念

中国古代社会，弥漫着强烈的"风水"之气。风水体现了一种能动的理想环境选择观，它源于人类追求美好生活环境的理想，是中国古人在长期的生产生活实践中逐渐积累和发展起来的一门关于环境选择的学问。有人说，风水理论实际上集地球物理学、水文地质学、宇宙星体学、气象学、环境景观学、建筑学、生态学以及人体生命信息学等于一体的综合性、系统性很强的古代建筑规划设计理论。毋庸讳言，由于历史的限制，风水观念在其漫长的发展和传播过程中难免与巫术发生联系，并染上了较为浓重的迷信色彩，但其中蕴涵的科学合理内核至今仍显现出人类智慧的灵光。

古人崇尚风水，实际上是对水生命力的崇拜，是视水为天地万物本原，人及天地万物皆由水生观念的一种体现。风水一词，最早见于东晋郭璞的《葬书》："气乘风则散，界水则止。古人聚之使不散，行之使有止，故谓风水。风水之法，得水为上，藏风次之。"风水崇气，实为崇水，因为在风水家们看来，水能聚气止气，又能生气，所以上乘的风水，必须有好水相伴。

在以江西流派为代表的风水形法论中，对聚落周围的山川形势归纳为"龙真、穴的、砂环、水抱"四大要素。所谓"水抱"，是指穴地前面有屈曲、环抱的水流，这样的水形能凝聚盈盈的生气，可称"吉穴"。风水除了对水的形态推崇"曲"外，对水质方面也有很高的要求——"其色碧，其味甘，其气香，主上贵"，清澈、甘甜、气香是好水的三大重要指标。如果集曲、清、甘、香于一体，无疑是水之上品、极品。有这样水萦绕的地方，当然堪称"物华天宝，人杰地灵"的风水宝地。

中国乡村聚落中有关风水的反映，当属安徽南部的明清徽派建筑最为典型。古徽州村落对自然环境有着强烈的依赖，那里的村落民居，十有八九与自然山水融为一体，或背山面水，或依山傍水，以山为水的骨架，以水（多为溪流）为村落的血脉。黟县的宏村，是安徽南部民居中最具代表性的古村落，它的选址规划、建设发展，历经千百年，浓缩了中国传统"风水"文化的精华。宏村主要为汪氏家族的聚集地，位于黟县东北部，村落面积19.11hm^2，始建于南宋绍熙年间，至今已有800余年的历史。宏村先人独出心裁，开中国村落"仿声学"之先河,规划并建造了堪称中华一绝的"牛形"村落和人工水系。它以巍峨苍翠的雷岗为"牛首",村口两棵参天古树为"牛角",由东而西错落有致的民居为庞大的"牛躯",架设在吉阳水上的4座桥梁为"牛腿"。统观村落,就像头昂首奋蹄的大水牛。更令人称奇的是他们引水入村的举措。宏村西北有一条溪流叫吉阳水,为山泉所汇,水质清澈。村人筑坝凿渠,引清泉入村,水渠蜿蜒曲折,宛如"牛肠",从一家一户门前流过;"牛肠"在蜿蜒流入被称为"牛胃"的月塘后,经过蓄积过滤,复又绕屋穿户,流向村外被称作"牛肚"的南湖,再溢流而出,投入溪流的怀抱。围绕水系而建的140多幢水榭民居,古朴典雅,各具特色。尤其是遍布村落水系网,造就了"浣汲未妨溪路远,家家门巷有溪渠"的良好生态环境。村内鳞次栉比的古建筑与旖旎的水光山色交相辉映,动静相宜,处处是景,步步入画,洋溢着浓郁的田园风光,被誉为"中国画里乡村"。

徽州的"水口"也是风水观念的鲜明体现。"水口者,一方众水所总出处也。"很多村落的入水口和出水口是统一的,村民沿水流建造房舍,户户傍水而居。据徽学研究者考证,水口是中原汉文化与徽州土著文化交融的产物,目前已成为独具特色的徽州文化的内容。水口,不仅担负着村落入口、分界、用水、防卫、休闲、绿化等功能,也是村民命运前程的一种精神象征。徽州人将水口看作地之门户,视建水口为创基业,每个村落水口都是精心布局设计。水口,置于村头或路口,是整个村中风景最美的地方。百年古树,枝繁叶茂,树冠如盖;有巨石嶙峋,有亭榭庙宇,有石桥跨越、泉水淙淙,一派生机盎然。山、水、树是徽州水口的三大要素。理想的水口是,两山对峙,涧水环匝村境。水口林是聚集村中旺气的屏障,力求达到"绿树村头合"的意境,而潺潺流水,则是水口布局的灵魂,在选景位置上常以桥"锁关",辅以亭、堤、塘、树等镇物。民间工匠在水工程中融入了造园工艺,体现了朴素的美学元素,使水口散发着浓浓的人文气息。水口有"水口坦",可供村人聚会,或男女老少玩憩。随着水口的不断营建,这里就会成为村中风光宜人之场所:溪流潺潺,花红柳绿,山清水澈,塔亭屹立。不仅地方俊彦流连于此,咏答唱和,父老兄弟出作入息,也相会于此,聊天作乐,呈现出一派祥和与宁静。

从精神角度看,水口的风水观念来自徽州的地域文化传统;从物质角度看,与徽州得天独厚的自然条件密切相关:这里有山有水,植被茂盛,树木葱茏,降水充沛,溪流长年不息。在此自然环境下生活的人们,讲究天人合一,荟萃生活情趣,使人与自然和谐,成为具有浓郁地域特色的乡村水工程。村落用水除了实用功能之外,还凝聚着更多的人文功能和美学功能,具有较高的文化品位,并逐渐形成了别具一格的水口文化。由此可以看出,风水观念不是完全建立在迷信思想之上,它还体现了"人法地,地法天"的道理和规律。

另外,中国风水学在长期的实践中形成了"山主富贵""水主财富"的共识。之所以如此,主要是在自给自足的自然经济占主导地位的中国古代,一块风水宝地往往是一家一族劳作、居住、休养生息的场所,而水(主要是河流和泉流)又在很大程度上决定着一家一户生产生活的小环境。《博山篇·论水》一开头就说道:"聚水法,要到堂。第一水,无辰方,食母乳,养孩婴。第二水,怀中方,食堂馔,会养生。第三水,中堂中,积钱谷,家计隆。第四水,龙神方,广田宅,太官方。"上述所提及的"养孩婴""食堂馔""积钱谷""广田宅"等概念,均离不开水,可见水与人类生存有着何等密切的关系。《水龙经》

则明确地把水看作"财源"的象征,指出:"水积如山脉之住……水环流则气脉凝聚……后有河兜,荣华之宅;前逢池沼,富贵之家,左右环抱有情,堆金积玉。"《阳宅撮要》也认为"水为气之母,逆则聚而不散。水又属财,曲则留而不去也",强调屈曲绕行的水才能使财富聚而不散。水为财富的观念在中国古代一些建筑民俗中也有所体现。如徽派建筑的"天井院"式建筑,四面屋顶均坡向天井,这种将雨水集中于住宅之内的做法被称之为"四水归堂",是徽派建筑的一大特点。在徽州古老的民居中,狭长的一方天井,兼具采光、通风和排水等功能。下雨时,四面屋顶的水源源不断地注入天井,除了实用价值之外(收集的雨水可用于洗涤、浇花、消防、冲凉等),其精神含义在于不让财源外流。"四水归堂"还寓意着人丁兴旺、家族源远流长。再如我国北方的山西、陕西一带,直至近代民居还有"房子半边盖"的习俗,目的是使降到屋顶的雨水全部流入自家院中。就连古老的万里长城之上伸出的滴水檐,也都设在关内一方,以免降于城墙上的水流向关外异族。这些建筑现象都是视水为财富的文化心理的表现。

第四章

制度形态水文化

中国历代统治者，对水灾害防治、水资源的利用都非常重视，围绕防洪治水、排除渍涝、引水灌溉、水利工程修建及维护、漕运、水事纠纷处理等诸多涉水问题，都有明确的规定。为了治水、管水的需要，历代都设置了各级水利职官。在基层水事活动中，还形成了一些自治性质的民间管理机构和民间惯例。学习和研究我国历代水利法规、制度、管理机构、民间规约等制度层面的水文化遗产，对于不断提升当代中国水利事业管理的制度化、法治化水平，具有非常重要的现实意义。

第一节 水利法律法规

中国历代的水利法律法规，如果按制定者的层级划分，可分为两类：一是中央政府颁布的规范性文件，如《唐律》；二是地方性水利工程的专项规章。如果按水利法律法规规范的内容来划分，可分为三类：一是国家大法中的有关水利条款，如《唐律》《大明律》《大清律》《清会典》等综合性大法中有关盗决河防、失时不修河防等的处罚规定；二是综合性水利法律法规，如唐代《水部式》；三是各类专项水利法律法规，如防洪、农田水利、航运等管理规定。从发展阶段来看，水利法律法规在春秋时期已经出现，多是某个水利门类的单项规定，或附属在国家法律法规中的有关条款，以后逐步完善，至迟在唐代已有全国综合性的水利法律法规。

一、历代防洪法规

（一）防洪法规的发展

防洪是一项关系公众生活的公益性事业，必须由政府组织和协调。

先秦时期，人们抵御洪水的方法是原始的，一般按习惯办事。春秋时期，堤防工程逐渐增加，为的是解决各诸侯国堵塞河流、冲决堤防的行为。齐桓公称霸时期，就假借周天子的名义，提出"毋曲堤""毋壅泉""毋曲防""毋障谷""毋雍利"等禁令。这些盟约和制度是中国防洪法规的早期雏形。战国时期防洪工程已相当普遍，围绕防洪工程的修建已有较为详细的施工管理制度，代表性的文献是《管子·度地》。秦统一六国后，制定了一系列的法规。其中与防洪有关的条文有"决通川防，夷去险阻"，即拆除春秋战国以来阻碍泄洪的工事和交通关卡，使河流防洪工作从整体上把握成为可能。西汉时期，黄河多次泛滥成灾，朝廷对防洪尤其是黄河防洪非常重视，在河堤防守队伍组织以及经费等方面都有具体规定。

魏蜀吴三国鼎立时，蜀汉章武三年（223年），丞相诸葛亮颁布了一道护堤命令："按九里堤捍护都城，用防水患，今修筑浚，告尔居民，勿许侵占损坏，有犯，治以严法，令即遵行。"九里堤在成都城西北，所处地势低洼，筑有一条保护成都安全的防洪堤。

隋唐是我国封建社会的黄金时代，水利法律法规建设的成就集中反映在《唐律疏义》中有关堤防工程管理的规定：①不修堤防或不及时修筑者，"主司杖七十"，如果因此造成财物损失的，比照贪污罪减五等处罚，如果因此造成人员伤亡者，比照斗杀伤罪减三等处罚，如降雨量特大、不可抗拒者免于处罚；②私自决堤放水者，不论因公还是因私"杖一百"，如果因此造成财产损失者以贪污罪处罚，如果因此造成人员伤亡者，以斗杀伤罪减一等处罚；③故意决堤者，处以三年徒刑，因此造成严重财产损失的，以盗窃罪论处，因此造成人员伤亡者，以故意杀伤罪论处；④筑新堤或修旧堤，如果不按程序报批，或者虚报经费者，都要受到处罚。唐律的以上规定对后世有重要影响，如《宋刑统》和《明会典》中有关不修堤防和盗决堤防致灾的量刑都和唐律基本相同。

宋代除在《宋刑统》中保留唐代有关护堤条例外，还有一些新的规定。宋代还编纂有系统的防洪法规，据《玉海》记载，宣和二年（1120年）编有《宣和编类河防书》共计292卷，可见其详密的程度，惜已散佚。

金代颁布的《河防令》，是现在能见到的中国历史上第一部系统的防洪法令。它颁布于金泰和二年（1202年），现存于元代沙克什所著的《河防通议》中，仅有十条，其主要内容是：①每年要选派一名政府官员视察、督促地方政府和水利主管机关落实防洪措施情况；②水利部门可以使用最快的交通工具传递防汛情况；③州县主管防洪的官员每年六月初一到八月底要上堤防汛，平时，分管官员也要轮流上堤检查；④沿河州县官吏防汛的功过都要上报；⑤河防军夫有规定的假期，医疗也有保障；⑥堤防险工情况要每月向中央政府上报。情况紧急要增派夫役上堤等等。

元代的治河法规，集中反映在《通制条格》中。《通制条格》是《大元通制》的一部分，共有27个篇目，其中《河防》《营缮》与防洪关系甚为密切。但《河防》篇已佚失。

明代制定了"四防二守"的防洪制度。"四防"，即昼防、夜防、风防、雨防："二守"，即官守、民守。这种防汛管理制度，被奉为防守法规。此外，关于修筑堤防的位置选择，修堤取土的地点，修堤的土质，大堤的断面等都有规定。对于破坏河防工程犯罪的处罚，明代把唐代规定的盗决、故决堤防罪改为盗决、故决河防罪，保留失时不修堤防罪。自明代中叶，长江大堤修防也开始有系统的管理制度。嘉靖四十五年（1566年）至隆庆二年（1568年），荆江知府赵贤主持大修江堤后始立《堤甲法》。

清代，除刑法中规定有防洪条款外，典章制度的专书中，更有详尽的水利管理条文。光绪年间撰修《清会典》100卷和《清会典事例》1220卷。《清会典事例》中河工占19卷，海塘占4卷，水利占8卷，共计31卷之多。条文规定得相当细致。以河工为例，内容包括河务机构、官吏设置、职责范围；各河工机构的河兵和河夫的种类数量及其待遇；各地维修抢险工程的经费数量及开支；河工物料（木、草、土、石、秸料、绳索、石灰等）的购置、数量、规格；各种工程（堤、坝、埽、闸、涵洞、木龙等）的施工规范和用料；不同季节堤防的修守；河道疏浚的规格和经费；施工用船只和土车的配备；埽工、坝工、砖工、石工和土工的做法、规格和用料；河工修建保固期限的规定和失事的赔修办法；河工种植苇柳的要求和奖励办法；河工和运河禁令等。清代防洪法规比前代详密得多，尤其是形成了制度化的河工处罚条例，对防洪工作发挥了积极的作用。长江流域的修守制度在清代不断完善，1747年，荆江堤防溃决，损失惨重，恢复重建后制定了12款修守章程。紧急防汛抢险事务也有专门法规。例如，道光年间林则徐任湖广总督期间制定《防汛事宜》10条，以及王凤生编的《详定江汉堤工防守大汛章程》11条等。

近代以来，随着西方水利科学技术和管理制度陆续传入中国，尤其是中华民国的成立，激发了我国水利界精英建设水利事业的热情。从20世纪20年代起，我国水利界开始酝酿制定国家水利法。1931年2月，在全国内政会议上，导淮委员会汪胡桢代表水利界向会议提交了"编订水利法规，以确定水权而免阻碍水利发展案"，水利立法正式列入国家立法日程。水利法的制定最初由建设委员会主持。首先组织人员翻译英国、美国、日本等国已颁行的水利法规以资借鉴，并对水利法的科学性、社会性等进行了一定范围的学术探讨。经过近3年的筹备，1933年12月全国内政会议第一次水利专门会议公布《水利法草案》。1935年，改由全国经济委员会水利委员会主持草案的修改、审定。随后，水利法草案送达各流域水利机构、各省政府审议，征求意见。后抗日战争爆发，草案修订工作直到30年代末才完成。1942年6月国民政府立法院审议通过，同年7月7日正式颁布，于1943年4月1日实施。

民国《水利法》共有71条，分为九章，其中有关防洪的内容有，第六章《水之蓄泄》，规定一切蓄水、排水事宜以及所有防洪工程的使用，均由上级主管部门控制或经过上级主管部门的核准。第七章《水道防护》，规定了汛期的水文监测，水道的维护及人力、工料的调集；堤岸区域植被的保护；禁止围垦水道沙洲滩地；保护洪水行水区域土地；对因防洪而拆毁建筑物的补偿办法等。第八章《罚则》，规定了毁坏水利设施，未经许可而私开、私塞河道，以及违反法定义务等行为的处罚办法。第九章《附则》，规定由行政院制定《水利法》的实行细则以及施行日期。

此外，在《刑法》《违警法》以及行政法规中也有对水之蓄泄、水道防护、抗洪、决水罪等的详细规定。

（二）古代防洪法规的特点

防洪是中国水利的首要任务，纵观以上历代防洪法规的变迁，具有以下三个特点。

1. 立法内容丰富，规定详细

尽管历代都没有完整系统的防洪法，但实际上立法和管理制度的内容不断发展，已从不同方面形成了完整的体系。以清代为例，虽然没有形成一部成文的防洪法规，但有关内容在《大清会典事例》《工部则例》《户部则例》《五道成规》《河工考成保固条例》等文献中有较为集中的反映。此外还有大量以圣谕、硃批奏折等皇帝的命令形式颁布的专项司法解释和法令。此外，不同时期的河官颁布的地方性防洪法规也是重要组成部分。尤其是黄河、运河、淮河等多泥沙河流建立有完善的修守制度和责任追究制。就防洪法内部各方面而言，立法内容涉及防洪工作的各个方面，每一项又有很多更详细的规定，为治理水害发挥了积极的作用。

2. 重赏重罚，执法较严

如果防洪工程出了质量事故，要根据情节追究责任。清代以前，这种责任主要是行政责任和刑事处罚，清代在此基础上，又增加了经济责任追赔制度。根据案情，这些手段经常综合使用。清朝前期和中期，大力兴修水利，重视法制建设，赏罚分明。如果治河有功，连年安澜，各级官员都会得到提升，甚至破格提拔，但如果出了质量事故或防守事故，不管是工程承修官员，还是防守官员，他们的责任是终身的，不因官员的调离而免于追究责任。一旦出现了河堤冲毁、漫滩等事故，负责防守的官员必须立即组织抢修。事后经调查划分责任，即使该官员应该受到革职、调离处分，也必须负责把修复工程做完，才能交接工作。如果该官员应该承担赔偿责任，即便日后调离本岗位也必须完成赔偿任务。如果该官员在未出事故之前调离本岗位，事故发生以后也照样要按规定追究他的相关责任。如果事故发生时该官员已经退休，或者已经死亡，也不能免除他的责任。如果负有赔偿责任的官员在未交清赔款之前死亡，其赔偿责任由其子女或近亲承担。翻开清代防洪史料，因为工程质量问题以及防守责任问题受到追究的官员比比皆是。

3. 专制主义思想浓厚

秦汉以后，中央集权不断加强，尽管法制建设取得了一定成就，但皇权和行政权力无所不在，不能不对水利管理制度的实施造成重大影响。由于专制主义盛行，人治高于法治，各级官员的主观能动性未能最大限度调动起来，更谈不上科学决策、民主决策，严重影响水利工作的成效。水利立法中体现专制主义思想的俯拾皆是。河工预算，康熙初年要求所有工程必须由河道总督亲自核实，报工部批准。后来进行了改革，但仍然规定物料价银五百两以上，工价二百两以上，由总督审核，工部审核，户部批准才能兴工。清代河工开支巨大，动辄几十万两，可连五百两的工程都要求报中央批准，河道总督的工作积极性可想而知。翻阅清代上谕、奏折等历史文献几乎所有的水利事务都要皇帝亲自裁决。在交通、通信条件非常落后的当时，由于专制主义的影响，缺乏民主，极易导致行政效率低下和决策的延误、失误、错误。

二、历代农田水利法规

中国是个农业国，兴修水利是各级政府一项重要任务，围绕农田水利，历代政府制定了一系列奖惩制度。

有明确记载农田水利的律文开始于战国时代的秦国。四川省青川县战国墓发掘的秦简中发现，秦武王二年（公元前309年）曾制定《田律》，条款中有"十月，为桥，修陂堤，利津溢"的规定。湖北云梦秦简中有《秦律十八种》，其中的《田律》是有关农田水利的条文。其中有如下内容：在播种后，下了及时雨，也应报告降雨量多少和受益农田顷数。发生旱灾、暴风雨、涝灾、蝗虫和其他虫害，也要报告受灾田地顷数等。这些规定是农田水利法规的雏形。

最早见于记载的专门性农田水利法规始于西汉。汉武帝元鼎六年（公元前111年），左内史倪宽建议开六辅渠，灌溉郑国渠旁地势较高的农田，建成以后"定水令，以广溉田"。西汉末年，召信臣在河南南阳大兴水利，建成了六门陂、钳卢陂等著名蓄水灌溉工程，同时，"为民作均水约束，刻石立于田畔，以防纷争"，均水约束就是按需要均衡用水的法则，以约束各受益农户，以免引起用水纠纷。东汉永平十六年（公元73年），王景任庐江太守时主持恢复古灌区芍陂，"隧铭石刻誓，令民知常禁"，制定合理分配用水的法规，并刻石示众，目的是减少纠纷。但以上具体内容已无从考证。

现存最早的全国性的农田水利法规是唐代的《水部式》。在唐代，"式"凡十一次修订，《水部式》也有多次修订的过程。我们现今所见到的《水部式》只是一个残卷，仅有29自然条，约2600余字。其内容包括农田水利管理，水碾、水磨设置及用水的规定，运河船闸的管理和维护，桥梁的管理和维修，内河航运船只及水手的管理，海运管理，渔业管理以及城市水道管理等内容。

宋代对农田水利建设和管理也很重视。代表性的中央水利法规如《疏决利害八事》《农田水利约束》。《疏决利害八事》颁行于宋仁宗天圣二年（1024年），主要内容是从八个方面对兴修农田水利工程的技术标准、地方官吏兴修水利考核奖罚、禁止百姓妨碍渠道畅通行为等方面予以规定；《农田水利约束》（又称《农田利害条约》），是全国性的农田水利政策法令，颁布于熙宁二年（1069年）。这部法规的颁布促成了历史上著名的水利建设高潮，其主要内容是对各级地方官员兴修水利的职责、奖惩、工程审批权限和程序等予以规定。

元代农田水利法规主要集中在《通制条格·田令》中。《田令》又分《理民》《立社巷长》《农桑》《司农事例》等条律。与农田水利有直接关系的如《农桑》中规定：各地如有条件兴修灌溉工程，由本地官员与水利技术人员一同勘察，允许百姓自行修筑。如果百姓无力修筑，上报上级官府勘察，给予一定财力支持。水碾水磨不能影响灌溉；把兴办农田水利的成绩纳入各级官员考核内容，对违反农田水利法令的人员，要依法惩罚等。

清代中央制定的农田水利法规不多，而且一般都针对某一地域，如"河南省水利议处议叙办法""直隶水利营田办法""苏松等府水利管理办法"等，主要内容是对地方官员兴修农田水利情况进行奖惩。

在民国时期的农田水利法规中，引水、灌溉、农田水利、水利纠纷的解决等与历史上没有本质区别，惟水权制度值得一提。民国《水利法》与水权有关的内容主要有，第三章"水权"、第四章"水权之登记"。1942年9月16日修正公布的《水利法施行细则》，就水权、水权之登记等作出了专章规定。为配合《水利法》的实施，民国三十二年（1943年）6月23日由行政院核准，行政院水利委员会于7月19日公布施行了《水权登记规则》，同年11月22日，行政院水利委员会公布施行了《水权登记费用征收办法》。以上法规，对水权的概念、特征、主体、客体、取得程序、转移变更、停止、限制、用水优先权、临时用水权、共同用水权等进行了相应的具体规定。

民国时期水权制度具有以下特点：①虽然制定颁布了全国性的水利法，但水权制度的实施仍以地方管理为主；②水权制度特别是黄河灌区的用水管理制度大都继承了历史上的用水习惯；③水权制度大量借鉴了国外经验。沿岸所有权、优先占用权、公共水权、代理制度，代表制度、异议制度、第三人制度等国外先进的民事法律制度和水权法律制度引入中国并结合实际付诸实践，丰富和完善了中国的水权法律制度内容；④民国时期的水权制度兼有实体法和程序法两种内容规范，具有实体法和程序法杂糅一起的特点；⑤乡规民约等民俗习惯在水权实施中起着重要的作用。

三、历代航运法规

运河是古代漕运的主要通道,从唐代起,运河逐渐成为历代王朝的南北经济大动脉,围绕工程维修、航运管理等方面形成了一系列具体的法规。明成化九年(1473 年)二月兵部尚书白圭拟定的综合性航运法规《漕河禁例》,还有一些国家法律涉及漕运管理,如《大明律》中有关盗河防、圩岸及不应河防差役的量刑及处罚条款,《问刑条例》《占夫条例》亦有对水源管理、运河河道管理方面的具体条文等。清朝有关运河的法规主要集中在《钦定大清会典事例》《户部则例》卷二十三《漕运五》,有关上谕、奏折等文献中。《山东全河备考》中所记载的前代旧有制度十七条和康熙初年新定制度六条,也有参考价值。内容主要集中在运河水源补给、航运秩序问题、运河疏浚船只管理等方面。

(一)航运法规的主要内容

运河水源保证的规定。由于运河地域降雨的差异,地形地势的变化以及枯丰水量年际不均,运河不得不依靠沿线湖泊、陂塘调节水量,维持通航。济运的湖、塘,承纳泉水河流,调节水量,是运河重要设施,受到法律保护。明代《漕河禁例》规定,盗引、盗决运河水源湖、塘、泉、河首犯者充军,军人者徒于边卫。清代规定,盗决运河或运河蓄水设施和堤防者处以徒刑,为首者充军(后改为在决堤处斩首),闸官偷水卖者同罪;对于沿运各湖的湖滩淤地的垦种,严重影响运河水源的补给,因而明清时期对此予以严格禁止。

运河河道管理的规定。运河河道与黄河河道一样,必须加强日常维护以保障畅通。运河河道管理主要有河道疏浚、堤防修守两大部分,有定期维修和常规管理之分。

运河航运秩序的规定。为了在水量有限的情况下保证通航,必须合理地设置闸坝,闸坝之间密切配合,适时启闭闸门,如启上闸,即闭下闸;启下闸,即闭上闸,以节省水力,对违犯闸坝启闭禁令的行为严厉打击;为了提高运河水的利用效率,要求行船必须结队而行。船只过闸有先后次序,除进贡鲜品船只随到随过外,其余船只必须等水积满后整批放行;过往漕船拽带货物有数量规定,并不许沿途贸易;违反漕船期限的官员要受处分。

调处航运与灌溉用水矛盾的规定。航运与灌溉争水,在唐代运河上是普遍存在的问题,汴河、淮南运河、江南运河都有类似情况,一般的规定是舍灌溉保航运。《水部式》规定,当水源不足时应首先满足通航要求。

运河维护船只管理的规定。清代在运河河道管理上设苇荡左右二营,专管苇、草、柳、石等维修物料的种植、收割、运送及部分疏浚任务等事务,并配备专用船只,对各类船只的制造、修理期限及质量标准、修造逾限处罚、船只损坏赔偿、人员配备及运送期限都有详细规定。

(二)航运法规的特点

运河是我国古代重要的水利工程,在铁路和海运出现之前,运河是沟通南北的大动脉,尤其是宋元之后,中国经济中心南移,而军事和政治中心仍在北方,运河的地位相当重要。因此历代统治者对运河的管理都非常重视,制定了一系列航运法规,成为中国制度形态水文化的重要内容,值得认真学习和研究总结。

航运法规体系内容丰富,涉及闸坝启闭、航行秩序、调水制度、分水制度、运送货物、停船期限、河道管理、运河维护船只管理等,共同形成了一个互相补充、互相配合的完整制度体系。

航运法规鲜明地体现了航运至上的立法理念。运河是沟通南北经济的命脉，航运代表国家利益，因此，运河沿线的灌溉用水、开垦湖滩淤地等行为必须无条件为航运让路。闸坝依次启闭、船只结队而行、水源补给等制度，也都围绕着这一根本目的展开。

航运法规体现了鲜明的创新性。运河形成的本身就是创新精神的产物，从隋唐运河到京杭运河，分别行经不同地形、地质和水资源条件的地区，使得运河的修建和维护极其困难和复杂，人们根据运河各段的具体条件，做出了各具特色的高水平的工程规划，综合解决了汇水、引水、节水、行船、防洪等难题，实现了全线的通航。在历代运河航运的漫长历史中形成的各种法规，无不是基于对工程条件特殊性认识的基础上形成的。尤其是其中最核心的闸坝管理和水源补给制度，不是照抄照搬的产物，而是先人们立足实际、科学分析、认真总结的产物，是自主创新的产物，在人类制度文化遗产中独一无二、璀璨夺目。

四、历代水利施工组织法规

水利施工往往是千百人的共同劳动，必须有明确的条例加以约束和协调。战国时期已有细致的施工管理制度。《管子·度地》中记载：要委派学习过水利技术的人主持施工；水官冬天巡视各处工程，发现需要修理和新建的要向政府书面报告，待批准后实施；水利施工规定在春天进行，一者农闲；二者土壤解冻，含水量适宜。完工后要负责检查；劳动力从老百姓中征调。每年秋季按当地人口和土地面积摊派。区别男女及劳力强弱，造册上报官府，服劳役的可以代替服兵役；冬天，民工要事先准备好筐、锹、板、夯、土车、棚车、食具等施工工具和生活用具，预先准备好防汛的柴草等埽料，各种工具配备要有一定比例，以便组织劳力，提高工效。并要预留储备，以替换劳动中损坏工具。工具和器材准备好后，要接受水利官员和地方官吏的联合检查，并制定有相应的奖惩制度。

敦煌千佛洞所发现的文献中，有许多转帖。转帖是为召集一次公益性活动而发的通知。由于通知是在有关人户间轮转传递，故名。转帖中有专门召集受益户共同维护和修理灌溉渠道的，叫作渠人转帖。帖中不仅写明应出工的各户人名、所应携带的工具以及集合时间、地点等，还特别强调"如有后到，决杖七下，全段不来，重有责罚"等规定。

关于施工人力征调，国家出资兴建的或修复的水利工程，劳动力主要来源是以兵充役或征调劳役、募役等。调用士兵可以在短期内迅速集结大量劳动力，如西汉元光年间（公元前134—前129年）河东郡（今山西夏县）开引汾、引黄灌渠，"发卒数万人作渠田"，这是秦汉时期大型农田水利工程动用兵役建设的实例。宋代兵役制逐渐为民役和募役取代。但兵役仍占有相当比重。厢军中的水利兵有开江兵、捍江兵和撩江兵等名目。征调民役也是强制性的劳动，一般按水利工程受益范围为依据，给予少量的报酬。两宋以后，徭役向募役方向发展，常见的形式是以工代赈。明清之际，以上几种形式仍然存在。

五、中华人民共和国成立以来水利法制建设的主要成就

中华人民共和国成立以来，尤其是改革开放40多年来，水利工作从"无法可依"到基本"有法可依"，水利法制建设实现了历史性飞跃。

（一）发展阶段

以1988年《水法》颁布和2002年《水法》修订出台为标志，水利法制建设大体可分为3个阶段。

1. 起步阶段

20世纪70年代末，随着我国社会主义现代化建设步入正轨，以及水问题日益复杂化、严重化的趋势，对强化水管理提出了迫切要求。1978年4月，水利部开始酝酿起草《水法》，并开展了水土保持、水源保护等方面的立法工作。

2. 发展阶段

在党的十一届三中全会精神指引下，1984年10月，原水利电力部倡议并获得国务院批准，成立由有关部委负责人参加的"全国水资源协调小组"。在"协调小组"领导下，《水法》起草工作顺利开展，通过法定程序，于1988年1月第六届全国人大常委会第23次会议上审议通过，颁布了中华人民共和国成立以来第一部《水法》。1988年《水法》的颁布实施是水利法制建设史上具有里程碑意义的重大事件，标志着水利工作进入了依法治水的新时期。

3. 完善阶段

1998年的大水后，党和国家对新时期水利工作提出了一系列方针政策。水利部根据中央对水利工作的方针政策，提出了从传统水利向现代水利、可持续发展水利转变的治水新思路。2002年颁布实施的新《水法》，将新时期党和国家治水方针政策法律化，强化了水资源统一管理，把节约用水和水资源保护放在突出位置，明确了水利规划的法律地位，强调了流域管理，加强了水资源开发利用中对生态与环境的保护。水利部对《水法规体系总体规划》进行了多次修订。2020年水利部印发《水法规建设规划（2020—2025年）》，明确了水法规建设的总体要求、阶段目标、重点任务、实施步骤和保障措施。

(二)《中华人民共和国水法》及其修订

1988年《水法》是中华人民共和国成立以来第一部综合性水法规，标志着我国依法治水工作进入了一个新阶段。随着形势的发展和我国水资源问题的日益突出，原《水法》存在的问题和局限性也充分显现出来，一些规定已经不能满足实际的需要。2002年《中华人民共和国水法》经第九届全国人大常委会第29次会议修订通过，2002年10月1日起施行。新《水法》共8章82条。第一章总则，第二章水资源规划，第三章水资源开发利用，第四章水资源、水域和水工程的保护，第五章水资源配置和节约使用，第六章水事纠纷处理与执法监督检查，第七章法律责任，第八章附则。

新《水法》有以下主要特点。一是体现了与时俱进的精神。它符合社会主义市场经济体制和水资源可持续利用的要求，适应经济社会可持续发展和依法治国、依法行政、依法治水的需要，体现了中央的治水方针和新时期的治水思路。二是充分借鉴和吸收了国外水管理的先进经验。新《水法》制定过程中，在研究许多国家水法的基础上，又与英国政府有关部门合作，聘请国外咨询公司进行中国水法修改研究，举办了水法国际研讨会，这在我国水利立法工作中尚属首次。三是突出重点，强调针对性、科学性。此次水法修改的重点是，理顺体制，强化水资源的统一管理和流域管理，注重水资源的合理配置；加强水资源开发、利用、节约和保护的规划与管理；把节约用水和水资源保护放在突出位置，提高用水效率；适应水资源可持续利用的要求，通过合理配置水资源，协调好生活、生产和生态用水，特别是要加强水资源开发、利用中对生态环境的保护；适应依法行政的要求，加强执法监督，强化法律责任。四是设定的法律制度和法律责任具有较强的可操作性。

(三) 水利法制建设的成就

自20世纪80年代以来水利法制建设取得了显著的成就。通过不断努力和完善，我国已经建立了一套较为完备的水利法律法规体系，为水利事业的健康发展提供了坚实的法律保障。

(1) 坚持围绕中心、突出重点，适合国情水情的水法规体系逐步健全，奠定了依法治水的制度基础。

为全面贯彻实施《水法》，水利部于1988年制定了《水法规体系总体规划》，为适应形势发展的需要，水利部多次对《水法》和《水法规体系总体规划》进行了修订，进一步完善水利改革发展顶层设计，使水法规体系建设突出水资源配置、节约、管理和保护的制度建设，立法进程大大加快。开展规章和规范性文件专项清理，修改、废止、宣布失效了一批规章和规范性文件。各地出台了一大批内容新、质量高、有特色的地方性法规、政府规章和规范性文件。目前，适合我国国情和水情的水法规体系基本完备，各项涉水事务管理基本有法可依，为推动水利改革发展奠定了坚实的制度基础。

(2) 建立了基本完备的水行政执法体系，执法成效显著。

新《水法》颁行后，1995年水利部发出《关于加强水政规范化建设的通知》以来，全国各地进一步加强了水政监察队伍建设，各省（自治区、直辖市）初步形成了组织机构健全、上下贯通、运行有力的水行政执法体系，形成了省、市、县、乡四级水行政执法网络，水行政执法队伍专职化程度不断提升。各级水利部门认真履行法律法规赋予的执法职责，着力加强综合执法，全国各级水行政执法机构逐步建立健全了执法责任制、执法公示制、执法巡查制、评议考核制、岗位责任制、错案追究制、案卷评查制、行政裁量权基准制、执法监督检查等的水行政执法制度，持续加大执法力度，严肃查处了一批重大水事违法案件，组织开展了一系列专项执法行动，有力地促进了各项水法规实施，有力地维护了良好水事秩序，有力地保障了人民群众合法水事权益。

(3) 坚持预防为主、源头管理，实现了水事纠纷调处机制的转变，水事矛盾纠纷预防调处成效显著。

建立健全了预防为主、预防与调处相结合的水事纠纷预防调处机制，完善协商、排查、应急处置等各项制度。以北京周边、省际敏感河段为重点，组织流域机构和地方开展水事矛盾纠纷集中排查化解活动，采取法律、行政、经济、工程等多种措施，妥善解决了一批重大省际水事纠纷。

(4) 坚持规范高效、依法履职，水利依法行政水平不断提高。

大力推进科学民主决策，建立重大事项集体决策、专家咨询论证制度，保证行政决策合法性、合理性，可行性。深化行政审批制度改革，完成多轮行政审批项目清理，取消和调整的审批项目约占总量的一半以上，建立健全水利行政审批管理长效机制，严格依法设定审批项目，加强对行政许可行为的监督管理，让行政审批更加规范有序、高效便民。积极发挥行政复议作用，依法公正办理行政复议案件，维护当事人合法权益。

(5) 实现了从无偿用水到建立科学化、规范化水费制度的转变。

中华人民共和国成立后，为了支援农业，基本上实行无偿供水，只在某些灌区收取少量水费。1965年10月，国务院批转原水利电力部的《水利工程水费征收使用和管理试行办法》，开始建立了水费制度。1985年7月，经国务院批准发布了《水利工程水费核算、计收和管理办法》。这是我国以成本为依据的水费制度的一次重大改革，对促进全社会节约用水、增强水管单位经营管理能力、维护已建工程的效益起到了重要作用。1988年《水法》颁行后，全国建立起"取水许可"等一系列水管理制度，实行计划用水，厉行节约用水。2004年1月，经国务院批准，新的水利工程供水价格管理办法开始实施，将水价完全纳入商品价格范畴进行管理，彻底改变了过去无偿或低偿供水、将水利工程供水作为行政性服务管理的模式。全国用水总量年增长率大幅度下降，用水效率明显提高。

（6）持续开展了水利法制宣传教育，促进全社会水观念的历史性变革，依法治水、管水观念日益深入人心。

通过每年的"世界水日""中国水周""全国法制宣传日"等重大活动的组织和集中宣传，全社会水法治意识明显增强。

第二节　水利管理机构设置

中国历代负责水利建设和管理的机构和职官，在长期的实践中逐渐形成了一套完整的体系，是中国制度形态水文化的重要组成部分。

一、历代中央负责水利的机构和职官

我国水利职官的设立，可上溯至原始社会末期。相传公元前21世纪以前，舜即位，命大禹为司空负责治水，一般都以此作为中国水官设立之始。

夏商周，开始有专门职责的官吏，同时出于对大自然的敬畏，又赋予官与神一体发号施令的权力，《周礼》所列官名为天地春夏秋冬或金木水火土各官。管水和治水的官，分别为冬官和水官。西周时，中央主要行政官员"三有司"之一的"司工""司空"，就是水官。

春秋战国时，司空之下具体的水官有川师、川衡、水虞、泽虞等，都是掌管水资源和水产的官。

秦汉设都水长、都水丞，掌理国家水政。西汉时由于都水官数量多，武帝特设左、右都水使者管理都水官。西汉末期，罢都水官员和使者，并设河堤谒者专管河务。东汉将司空、司徒和司马并称为"三公"，是类似宰相的最高政务长官，虽负责水土工程，但不是专官。晋代又设都水台为中央机构，其长官为都水使者。

魏晋以后，水部下又有都水郎、都水从事等。但这些官员的职位都不高，而且职数逐渐减少，甚至有时只剩一人，治河机构也不显赫。

隋代重新建立了统一的中央政权，整个中央官制进入了一个新的阶段。隋初设工部，工部尚书也通称"司空"，工部下设都水台，后改台为监，又改监为令，统管舟楫、河渠等事务。唐代以后除在工部下设置都水监外，还在工部之下设水部郎中、员外郎。

五代时期，黄河决溢频繁，治河机构略有加强。后唐时（923—936年），又设水部、河堤牙官、堤长、主簿等。后周显德时（954—959年）又设水部员外郎等官。

宋代河患加剧，沿河机构更加完善，北宋初年，工部下属的水部形同虚设。元丰（1078—1085年）以后水部实权加强，主要体现在改制后员外郎负责水利工程规划、经费

调度、对地方官水利政绩的考核等，水部下设 6 分案 4 司，有官员 30 多人。水部设都水监和少监为正副长官，属官有丞和主簿等。宋代水部及下属都水监的权限较历朝为重。

金代水利官制仿宋制，工部下设都水监，并在工部置侍郎一员、郎中一员，"掌修造工匠屯田山林川泽之禁，江河堤岸道路桥梁之事"。

元代在工部之下设都水监主管防洪，另设河道提举司，专管黄河治理。农田水利事务属大司农。另外，还设置都水监、行都水监、河渠司等职官，负责某一河段河道治理工作，设立都水庸田使司负责地方农田水利工作。

明代工部下设有"营缮、虞衡、都水、屯田四清吏司，各设郎中一人，正五品，后增设都水司郎中四人""后增设都水司主事五人"，其中"都水典川泽、陂池、桥道、舟车、织造、券契、量衡之事"。

在清代，仍沿明制，在工部下设营缮、虞衡、都水、屯田四清吏司，其中"都水掌河渠舟航、道路关梁、公私水事"。

民国中央水利机关，经历了几个阶段。民国成立后，中央主管水利机关，最初分属内务及农商两部，在内务部则属土木司，在农商部则属农林司。1914 年 12 月以导淮局为基础成立全国水利局。农商总长张謇兼全国水利局总裁，丁宝铨为副总裁，并通令全国成立水利分局。1927 年国民政府成立后，水灾防御属内政部，水利建设属建设委员会，农田水利属实业部，河道疏浚属交通部。1933 年水利建设又从建设委员会改归内政部主管。1934 年以后，全国经济委员会为全国水利总机关。1938 年国民政府裁撤全国经济委员会及水利委员会，在经济部内设立水利司，接管全国经济委员会水利处所经办的工作。1941 年，因为后方水利对于抗战日显重要，成立行政院水利委员会接管全国水利。1947 年扩大水利委员会之组织，改为水利部。下设水政局、防洪司、渠港司、水文司和总务司。1949 年 4 月，又恢复经济部水利司的建制。

二、历代中央派出的水利管理机构和职官

为了加强对水利工作的领导，秦汉以后，还设有中央派往地方专门巡查水利工作或者主持阶段性治河任务的官员。从汉代开始，这一官员名称是"河堤谒者"或"河堤使者"，有的在中央任职，有的以钦差大臣身份派往地方主持大规模水利工程。有些以原官兼任河堤都尉，或称"领河堤""护河堤""行河堤"等。东汉河堤谒者成为中央主持水利行政的长官，晋至唐为都水使者的属官。从唐代起，还通过御史台的外派，形成了跨行政区划的专业系统，以及水利的稽查系统。

金宣宗兴定五年（1221 年），另设都巡河官，掌巡视河道、修缮堤堰、栽植榆柳等，其管理职责更为广泛具体。此外，还在黄河下游沿河设置 25 埽，每埽设"都巡河官"，下领"散巡河官"，每 4 至 5 埽设都巡河官 1 员，散巡河官管埽兵若干，负责险工段的监管。

元代另设河道（河防）提举司、总治河防使，专管治理黄河。至正六年（1346 年）置山东、河南都水监，以专堵疏之任；至正八年又诏"于济宁、郓城立行都水监"；至正九年又立山东、河南行都水监；至正十二年各行都水监添设判官二员。

明永乐时，令漕运都督兼理河道。明永乐九年（1411 年），以工部尚书宋礼治河，此后间遣侍郎或御史治河，逐渐形成派朝官任治河专任官吏的做法。成化七年（1471 年）王恕为总理河道，为黄河设立总理河道之始。隋唐以来的重要事务部门都水监逐渐被总督领导下的分司和道所取代。此外，各省巡抚、都御史及中央的御史、锦衣卫、太监也常派出巡视河道。

清承明制，设工部，掌天下百工政令，水利管理的职能属于工部。同时，又设立河道总督，也称总河，直接受命于朝廷，和工部几乎分庭抗礼。清代河督一般为正二品（巡抚一般为从二品），加兵部尚书、右都御史衔者为从一品，地位较为显赫。另外单独设立漕运总督管漕运，下有若干巡漕御史，行督察及催运漕船之责。河道总督和漕运总督的责任严格分开，漕运总督只管漕粮运输，河道总督管黄、淮河道和运河河道工程。雍正七年（1729年）分设江南河道总督和河南山东河道总督，后又设直隶河道总督，并称南河、东河、北河三总督。南河、东河两河道总督兼兵部尚书、右都御史衔，乾隆四十八年（1783年）改兼兵部侍郎、右副都御史衔。南河总督，驻清江浦，管理江苏、河南境内黄河、运河、淮河；东河总督，驻济宁，管理河南、山东两省境内黄河、运河；北河总督，驻天津，管理海河水系各河及运河，后由直隶总督兼任。咸丰十年（1860年），撤销江南河道总督及其下属机构，河务归河东河道总督统辖。光绪二十八年（1902年）清政府又裁河东河道总督，河务分由河南、山东、直隶三省巡抚兼任。

民国时期中央派驻各流域的水利机关的名称、职责、隶属关系等几经变革，1947年水利部成立后的流域管理机构分别是淮河水利工程总局、黄河水利工程总局、扬子江水利工程总局、华北水利工程总局和珠江水利工程总局。

三、历代地方水利管理机构设置及职官

我国早期地方水利管理职责由各级地方官兼任，限于资料，具体情况不详。

唐开元十年（722年），六月，"博州（今聊城）黄河堤坏"，唐玄宗下令派博州刺史柳儒"乘传旁午分理"，并令按察使萧嵩"总领其事"。中央水官（隶属于工部）和地方水官（隶属于地方政府）条块结合的水利管理体系形成。

北宋沿黄河地方各州长吏也兼管黄河。五年后，宋太祖规定开封等沿河17州府各置河堤判官一名，以本州通判兼任。

金代沿河地方官也兼理河务。大定二十七年（1187年），世宗命沿河"四府十六州之长，贰皆提举河防事，四十四县之令，佐皆管勾河防事"，并下令"添设河防军数"。

明清时期，在地方，各省布政使，各府知府，各州知州，各县知县，无不肩负管理一方水利事业的重任。明代黄河沿河各省巡抚以及以下地方官也都负有治河的职责。南方的海塘和长江防汛实行流域性质的分司驻守，但官员由各州县派出，归省督统一调度，州县政府则按辖区范围承担劳工、物料组织。

中华民国成立后，在组建全国水利局时，曾要求各省也组织水利局，但由于国家并没有实际上统一，因此各地的情况大不相同。有的水利专设机关，归建设厅，如浙江、江西、湖南等，有的省份水利机关隶省政府。如江苏、福建、湖北等。有的未设专局，业务由省建设厅办理。1934年以后，水利事业统一归各省建设厅主管。

四、历代运河管理机构及职官

宋代开始出现漕运专业管理机构，北宋在开封设排岸司和纲运司，将漕运分为两个系统：排岸司负责运河工程管理及漕粮验收、入仓；纲运司负责随船押运。两司下令指挥，属于武职系统。从管理上纲运司服从排岸司调度，验收、卸粮、入仓等重要环节均由排岸司主持，业务上两司之间有比较严格的交接制度。

明代运河管理体系，按职能区分，可划分为运河河道管理和漕粮运输管理两大体系。漕运最高行政长官明初设运粮总官兵（简称总兵，属武职），后改漕运总督（属文职），主管漕粮的征收、运输、入仓三大主要环节。除了催督漕船外，总漕和总兵还负有考核河道官员工作、检查工程修防情况的责任，起河道、漕运两司互相制约的作用，但两者常互有摩擦。明末总漕巡视河道之制逐渐废弛。

清代，自康熙二十二年（1683年）起恢复漕运总督。起初每年漕运期总漕驻通州，后改驻淮安，负责漕运事务。

漕运监督属漕运管理的监察系统。中央设巡漕御史，由京官出任，明代锦衣卫太监常充此职。巡漕御史监察河道、漕运二司吏治，驻漕运枢纽转运地，明代多驻淮安。清初一度废御使巡漕制度，雍正七年（1729年），复设巡漕御史2员，驻淮安、通州；乾隆二年（1737年），又增到四员，分驻淮安、济宁、天津、通州。

漕运管理中地方、河道、漕司构成互相制约而又相对独立的三个管理体系，《明史·食货志》简略地阐述了三者的职责："米不备，军卫船不备，过淮误期者，责在巡抚；米具，船备，不即验收，非河梗而压帮停泊，过洪误期，因而漂冻者，责在漕司；粮船依限，河渠淤浅，疏浚无法，闸座启闭失时，不得不过洪抵湾者，责在河道"。清代基本上维持了这一工作机制。

五、历代中国水利职官制度的特点

水利管理机构和职官设置，是中国官制文化的重要组成部分，也是中国制度形态水文化的重要内容。纵观中国水利管理机构和职官设置变迁史，我们可以得到以下三点结论。

（一）水利职官制度是社会不断发展的产物

随着生产社会化程度日益提高，社会分工越来越详细，分工授职也越来越细。水利管理机构和职官设置就是这种社会发展趋势的具体体现。在先秦时期，尽管已有水利活动，但是水利并没有从其他社会活动中单独凸显出来，水利管理机构和管理职责合并在其他职官中。秦汉以后，大一统的国家形成，封建专制制度开始形成，专门的水利管理机构都水丞、都水丞长开始出现，但依然不是中央一级管理机构，而是太常、大司农等的属官，隋唐之后职责属于一级管理机构工部之下，名称多变，明清为都水清吏司。民国时期管理职能先后归内政部、经济委员会等机构，1947年成立单独的水利部。中华人民共和国成立以后，水利部作为中央以及管理机构的地位才正式确立下来。中央派往地方的专门水利管理机构的设置也体现了这一点。早期没有派驻机关，汉代以后的河堤谒者，到明清的河道总督、漕运总督，再到民国以后的几大流域机构，分工日益明确，从临时机构日益演变为常设机构，管理职能不断强化。

（二）水利职官制度重视监督制衡机制

历代中央水利管理机构、中央派出的治河机构和地方官员的水利职责既有明确分工，又互相监督。这种监督的职能不断发展，到明清时期已较为典型。以清朝为例，在中央，工部设都水清吏司负责全国水利管理，但同时又设河道总督，负责具体事务，直接受命于朝廷，和工部几乎分庭抗礼，以达到互相监督制约的作用。河道总督之间、河道总督与地方督抚之间、河道总督与漕运总督之间也有互相监督的机制。另外，纵贯数省的河流，需要沿途各省督抚的配合，清朝也同时赋予了各省督抚对治河工程经费预算有核查、监督之权。出了河工质量事故或防守责任事故，督抚要承担责任。清代还单独设立漕运总督，直属于中央，负责漕粮运输，河道总督管河道和运河修防工程。但是二者的职责又紧密相关，在闸坝管理、漕船期限等方面常意见不一，漕运管理系统多强调运期不能迟延，河道管理系统多强调水源不足必须到期才能开闸。二者矛盾的解决只能由中央裁决，必然达到相互监督和制约的目的。河道总督之下设文武两套机构，文职机构设管河道、厅、汛，设道员、同知、通判、县丞、主簿等职；武职机构参照文职系统设河标、河营等机构，设副将、参将、守备、千总等职。文职核算钱粮、购买河工物料等，武职负责河防修守。一方偷工减料或出现责任事故，另一方必须如实揭发，否则，要受到处罚。水利管理机构上下级之间也有监督，如果出了质量事故、防守事故或者申报不实，上下级要共同承担责任。

这种相互监督、相互制约的机制，从积极的方面来看，可以促使中央和地方之间、平行机构之间、上下各级官员之间同心协力，密切配合，共同完成修防任务。从消极方面看，也容易造成互相推诿、行政效率低下，而且还容易罪及无辜。

（三）专职监察机构对水利事务的外部监督

历代御史体系在水政方面一直发挥了重要的稽查职能，并握有官员奖罚升谪的大权。

1. 水利工程及管理的稽查

中央对水利建设经费和水利工程管理的控制通过御史体系的稽查来实现。以都江堰为例。宋代都江堰管理分为稽查、行政管理和工程管理三个层次，提举官由御史充任，经常性地巡视；地方行政长官即路和州共同负责灌区的水政，县官主持岁修及日常的工程管理。都江堰的工程形制、岁修劳役工料，以及岁修主持的官吏等工程及人事情况均造册存档以供稽查。元代都江堰岁修，经费征收于民，上报工程项目繁多。元代元统二年（1334年），专职监察官佥四川肃政廉访司事吉当普实地考察渠首岁修工程后作了大幅度的削减。明弘治时，都御史丘鼐以都江堰灌渠上豪权势要多私建碾磨或开小渠引水，建议四川增加宪臣一员专门提督水利。为此，明朝弘治三年（1490年），提升刑部员外郎刘昊为四川按察司佥事，专门监督水利事务。

2. 防汛管理部门及河官的稽查

对河官稽查是御史的重要职责。宋代御史就经常被授权审理河官。宋朝嘉祐元年（1056年），朝廷下诏令御史吴中复、内侍邓守恭审理商胡堵口失利案，负责堵口工程的官员李仲昌被流放英州，张怀恩被流放潭州，其下属官全部夺官去职。御史的稽查甚至决定着机构的兴废。元朝至大三年（1310年），河北河南道廉访司（元行省的御史机构）对都水监考察之后，给予其极为严厉的否定性评价，并建议在汴梁设都水分监，任用懂水利之人，专司其职。御史还负有对河官政绩考察的责任。清代河道总督靳辅治黄，采用多重堤防，以实现其期望的刷沙、淤滩和保堤的目标。但清康熙二十七年（1688年），受到御史郭琇的弹劾，最终导致靳辅罢官。防洪行政长官与监察官的矛盾和冲突是经常的，有时皇帝赋予行政官员以特权，使其独立行使事权而不必顾忌。明万历帝曾经将河道都御史暂行裁革，授予总理河道潘季驯较大权力。

3. 经费的稽查

宋代，曾经对故意加大工程的预算，侵吞工款的行为有严厉制裁规定：超额预算，剩余部分作贪污论,已经收入私库者按监守自盗罪论处。清代工部都水清吏司拥有对工程审计的权力,御史则负有工程款拨发、开支是否合理的监察职责。

六、我国现行水资源管理体制的形成及深化改革的新任务

中华人民共和国成立以来,我国水利工作中央政府统管、各级政府分管、各大流域机构专管相结合的体制机制不断完善。1988年《水法》规定:"国家对水资源实行统一管理与分级、分部门管理相结合的制度。国务院水行政主管部门负责全国水资源的统一管理工作。国务院其他相关部门按照国务院规定的职责分工,协同国务院水行政主管部门,负责有关的水资源管理工作。县级以上地方人民政府水行政主管部门和其他部门,按照同级人民政府规定的职责分工,负责有关的水资源管理工作。"2002年《水法》对水资源管理体制作了修订:"国家对水资源实行流域管理与行政区域管理相结合的管理体制。国务院水行政主管部门负责全国水资源的统一管理和监督工作。国务院水行政主管部门在国家确定的重要江河、湖泊设立的流域管理机构,在所管辖的范围内行使法律、行政法规规定的和国务院水行政主管部门授予的水资源管理和监督职责。县级以上地方人民政府水行政主管部门按照规定的权限,负责本行政区域内水资源的统一管理和监督工作。"

中华人民共和国成立70多年来,特别是改革开放以来,我国坚持把改革创新精神贯彻到水利发展的全过程,积极探索促进水利又好又快发展的体制机制。在水利投资体制改革方面,形成了以政府投资为主导、社会投资为补充的多元化、多层次、多渠道的新格局。在水资源管理体制改革方面,确立了流域管理与行政区域管理相结合的水资源管理体制,全国63%的县级以上行政区域实行城乡涉水事务一体化管理。在水利建设管理体制改革方面,全面推行项目法人责任制、招标投标制、建设监理制、合同管理制,全面规范水利建筑市场秩序。在水利工程管理体制改革方面,着力落实公益性工程管理人员基本支出经费和公益性工程维修养护经费,水利工程良性运行机制初步形成。在水价改革方面,终端水价制度、超定额累进加价、丰枯季节水价、两部制水价等制度得到推广,合理的水价形成机制正在逐步建立。实践证明,现有水利管理体制机制为水利事业不断发展发挥了重要作用。

为了解决日益突出的水资源供求矛盾,2011年中央一号文件明确要求实行最严格水资源管理制度,确立水资源开发利用总量控制、用水效率控制和水功能区限制纳污"三条红线",从制度上推动经济社会发展与水资源、水环境承载能力相适应。党的十八届三中全会通过的《中共中央关于全面深化改革若干重大问题的决定》提出了"深化生态文明体制改革"的任务。习近平总书记提出的"节水优先、空间均衡、系统治理、两手发力"治水思路,是我们做好水利工作的科学指南和根本遵循。党的二十大报告对提高防灾减灾救灾能力和统筹水资源、水环境、水生态治理提出明确要求,为新时代新征程水利发展指明了方向、提供了遵循。

今后,水利管理体制改革急需解决的主要任务。第一,要建立以人与自然和谐相处为核心理念的水环境伦理道德规范体系,弥补治水软规则的缺失。第二,要重构政府治理模式,建立保障水安全的水资源统一管理体制。在国家层面,改变现有管理体制,整合行政资源,建立全国水资源管理委员会,建立"一部牵头负责,各部合作管理"的统一治水制度,协调各部委统一治水。在流域层面,推动流域立法,理顺流域与区域的管理关系,实施对流域全权的、统一的协调管理，建立以流域管理为主，行政区域管理为辅的流域水资源自主管理新体制。第三，要坚持政府与市场两手发力，建立高效的水资源（水环境容量资源）配置机制。强化各级政府的责任，不断完善实施最严格的水资源管理制度的考评机制，在水资源配置领域引入市场机制，建立适应社会主义市场经济体制要求的、以水权交易为核心的水资源配置机制，提高水资源配置的效率与效益。第四，要建立流域和区域水危机战略防御体制，以抵御水危机产生的、直接威胁国家生存与发展的灾害风险。第五，要完善公众有序参与水生态文明建设的体制机制。第六，要以增强执法能力为核心，进一步加大水行政执法工作力度。

第三节 民间水管理组织与规约

我国民间水利规约，是随着地方性的农田水利灌溉工程的出现而产生和发展的。遗憾的是，早期民间水利规约的具体内容已无法考证了。

唐宋以后，这些民间水利规约数量逐渐增多，如宋熙宁三年制订的《千仓渠水利奏立科条》，元代针对陕西古老引泾灌渠订立的制度《洪堰堰制度》和《用水则例》，明万历三十二年（1604年）制订刻石的《广济渠管理条例》，清代洪洞县的《润源渠渠册》，1944年的《陕西省泾惠渠灌溉管理规则》等。这些水利规约的内容主要包括民间水务管理人员的产生和职责，用水的分配，受益农户的权利和义务，水事纠纷的处理等几个方面。

一、基层水利管理机构

早期的基层农田水利管理人员情况记载不详。唐宋时期各级基层水利管理人员和小型灌溉工程的管理人员，直接由政府任命。明清时期，基层水事活动增多，灌区大都实行民主管理，虽然地方政府也参与管理，但改变了唐宋时期各级基层管理人员直接由政府任命的状况，改而实行由灌区选举，报政府批准，或轮流担任。其主要管理人员有时候也由政府委派产生。有重要农田水利工程的地方则设府州级官吏（如水利同知等）或县级官吏管理。除地方设官管理渠堰外，支渠、斗渠以下，一般由民众管理。在黄河流域其主要负责人有不同的名称，如渠长、堰长、头人、会长、长老、总管等。主要负责人之下又有乡约、牌头、渠夫、渠正、渠长、水利、堰长、水甲、橛头、闸夫等。在长江流域滨江沿河之堤垸，有称圩老、圩甲者，亦有称圩头、头人者，又有称堤长、圩甲、圩役者。无沿江大堤的堤垸则设有垸长、垸总、圩甲诸名目，作为本垸修防的基层管理系统。

这些管理人员的产生，一般由受益农户民主推举，再由官府确认备案。虽然仅限于形式，但经过这一程序后，乡村渠甲的权威也得到充分认可，成为介乎国家与村庄之间的媒介，成为填充国家权力在乡村社会水利管理中空缺的重要支配力量。他们的任期一般是一年，且不能连任。当然威信特别高的，任期也有例外。对渠长的任职资格有着严格的要求：一是要重德行，必须是村庄中热心渠务、公正、明达、廉洁之人，必须在村社范围内拥有较高的威信，具有一定的号召力。二是财产的限制，即地多者充渠长，田少者充水甲，至于灌区村落之外的人更是没有资格的；三是必须熟悉渠务、有一定文化、有组织能力。有此种种限制，往往使渠长职务变成村落社区中实力阶层的囊中之物，普通民众很难全部具备以上条件，因此是没有被选举资格的。基层管理人员则是由受益农户选出来的。

渠长等管理人员的职责，主要是负责乡村水利事务的运行。首先是调剂水源，确保用水公平。其次是组织有关水系内的集体劳动。此外，渠长还要领导祈雨、祭祀、排解纠纷、征收摊派、完纳水粮等，必要的时候还要出资垫付。

为了约束渠长等管理人员，各地纷纷制定了相应的罚则。如清代甘肃的古浪县，《渠坝水利碑文》对地方灌溉工程主要负责人"水利乡老"的权利与责任明确规定如下："各坝水利乡老务要不时劝谕化导农民，若非己水，不得强行邀截混争，如违禀县处治""各坝修浚渠道，绅衿士庶俱按粮派夫，如有管水乡老派夫不均，致有偏枯受累之家，禀县拿究。"

民国时期，民间水利机构有水利协会和民间的协助行水人员。民国时期沿用了历史上的由人民自己管理水利的办法，在有关的法律中对民间协助行水人员作了规定，确立了他们的法律地位。1944年行政院公布《灌溉事业管理养护规则》，在第三章管理部分明确规定："为期推动工作起见，得由各该灌溉区内之民众推举年高德劭素孚众望之人士担任协助行水人员，其职责应于管理章则中加以规定。"1944年的《陕西省泾惠渠灌溉管理规则》专门规定了"协助行水人员"的职责，内容与历史上的同类规定差别不大。

二、分水制度

合理分配用水，涉及全体农户的切身利益，再加上每个灌区的地形、气候、土地、人口、民情等因素的影响，增加了合理分水的难度。所以民间水利规约一般对此给予明确规定，分水制度是水利规约的核心内容。

分水制度有以下四种情形。

（一）按地承粮，按粮摊水

即视耕种面积和承担田赋的多少以及出工的多少来分配用水。嘉庆《永昌县志·水利志》这样说："夫按地承粮，按粮摊水，诚万世不易之道"。

（二）灌区内浇灌顺序：由上而下或由下而上

北方水渠由于水源不足，为了多浇地，一般都不实行全流灌溉，而是按照各村土地之多寡或分配的用水时刻实行轮灌。各地渠册、水册等资料中对用水顺序的记载十分详细。有的是"由上而下"，有的是"由下而上"，也有的是"一年由上而下，一年自下而上"，还有"并排浇灌""轮流浇灌""换灌溉"等不同的规定，而且一旦确定，一般不予变动。自上而下的秩序，符合水流的常规，但轮到下游用水时，往往水势较强，可能出现因浇灌不足而使下游用户利益受损。自下而上可避免这一情况，但又与渠首灌溉优先权相矛盾，尤其在水量不足且急需用水时更为突出。

（三）生活用水的分配

以黄河流域为中心的北方地区水资源的短缺，在不少地方，不要说灌溉用水，就连生活用水也非常困难，尤其在干旱年份，困难更大，有限的井水、泉水等无异于救命水，围绕井水的汲取、管理也形成了在一定区域内有约束力的惯例和规则。

（四）长江流域分水方式

长江流域的分水方式主要可以归纳为以下三种方法：①通过引水筒口尺寸分配用水量；②通过控制放水时间分配用水量；③通过控制筒车安放位置分配用水量。每种方法都有其独特的特点和应用场景。通过合理选择和应用这些分水方式，可以有效的实现水资源的合理分配和利用，从而促进农业生产的可持续发展。

三、取得水使用权的相应义务和罚则

要取得水的使用权，必须履行一定的责任和义务。否则获得的水权也可能丧失。这些责任和义务，尽管各个灌区具体要求不一，但以下基本要求是一致的。

（1）必须在工程建设中，按规定履行出资出工义务。有些堰渠为了保证岁修按时竣工，规定非常严格。

（2）必须无条件服从修建渠道的整体规划，遇有占地、青苗等损失不得阻挠，不得漫天要价。

（3）要持续获得水使用权，必须持续交纳水粮，承担各种经费的分摊，或交纳修渠所需用的实物，即使是获得特权的权贵阶层也不能例外。

（4）在行使自己灌溉权时不能损害其他人的用水权。清代山西霍山灌区规定，在灌溉村社中，水权村优先，但水权村只能使用规定的灌溉水利工程，不能另开渠道截流灌溉。另外，渠首村不能用洪水漫灌威胁其他水权村用水。

（5）种植作物类型要符合灌区水量条件，新增稻田要经过审批。

（6）严格遵守分水秩序，否则要受处罚。

（7）按额定水量用水，严禁偷水、卖水。

（8）节约灌溉用水，浪费水者要受罚。浇过地的渠水要流入母渠，严禁流入无利沟渠。枉费水利者，要"严加断罚"。

（9）限制水磨的使用。

四、民间水规约与水事纠纷的调处

唐宋以来，在相对缺水的北方，早就有水事纠纷的发生，但那时的水案具有局部性和数量少的特点。而明清以来的北方，人地矛盾日益凸显，水地矛盾加剧，水事纠纷数量更多，更加复杂，处理难度更大，更易反复，延续时间更长。在相对干旱的河西走廊、关中、山西、河北滏阳河流域等地，不仅水事纠纷日益增多，而且更加复杂激烈，处理难度更大，更易反复，延续时间更长。清代农田水利法规内容比前代更加细密完善，名目繁多的"水规""水则"及"定案"亦相继产生问世，内容丰富。虽然如此，但由于清代以来水资源利用方面的供求矛盾过于突出，违规偷水用水、掘渠开堰等行为屡禁不止，每每酿成严重后果，这些"水规""定案"难以发挥应有效用，水案的发生愈演愈烈。

长江流域水事纠纷总体上看要少一些，但是在有些地方堰渠间甚至州县间分水纠纷也时常发生，相关记载在地方志资料中很多。同时，长江流域水系发达，灌溉工程往往与防洪排涝工程相辅相成，围绕水的产业链更长，用水纠纷的主要内容尽管也是灌溉权之争，但涉及的行业领域更广，除水磨外，与分洪、养鱼、种藕、水运等都有矛盾，而且很普遍。

解决水事纠纷的主导力量是各级官府，主要法律依据是民间渠册、堰规等乡规民约，解决结果一般是恢复用水权，如有人身伤亡，要按刑律治罪，有时也动用军队武力解决。调解或判决的主要依据是传统用水惯例或渠册规定，调处结果一般多依据渠册、渠规及相关乡规民约和惯例恢复用水原状，如有较大经济损失，要给予一定赔偿。如果出现了死伤人命的事实，要在调处用水权的同时，根据械斗当事人情节不同，处以枷示、笞等刑罚。

历代民间水事规约内容丰富，但同时水事纠纷也大量存在。这足以说明，在以小农经济为基础的私有制下，仅靠健全法制不可能从根本上解决水利纠纷，必须改变落后的生产方式。

五、我国民间水事规约的特点

农田水利灌溉是水利活动的重要任务。我国民间水利规约源远流长，发展脉络清晰，内容丰富，对规范历代水利活动、促进农业发展发挥了积极的作用，是制度形态水文化的重要内容，简要总结如下。

（一）民间水利规约构成我国历代农田水利法律体系的主体

历代农田水利法律制度主要表现为两种形式：一是正式法律制度，即各级官府公布的、受国家强制力保护的法律法规等，主要内容是对各级地方官员兴修农田水利的职责和工作指导方针、指导思想、有关工作程序、工程质量标准、奖罚制度等予以规定；二是非正式制度，即以习惯、乡规民约、水册等形式表现出来的水事规则，也可称之为惯例法，它虽不以国家强制力作为实施前提，但又与国家强制力密不可分。有的水册、渠规等民间文书本身就是经过官府审定予以公布的。正式和非正式制度相互补充，共同构成了我国古代农田水利法律制度的基本体系，而且非正式的民间水利规约构成我国历代农田水利法律体系的主体。

（二）水权买卖行为长期存在

中国古代水权制度不发达，法律严禁水权买卖，尤其是严禁不经登记的私相买卖，但水权买卖的行为在事实上又长期存在。在古代社会，水费主要表现为修建、维护水利工程出工或出资的多少。而且水权是附属于地权的，不能单独买卖。从唐到明清，国家都明文规定禁止水权交易。但水权买卖行为一直存在并不断蔓延。明清以来，北方地区水权开始出现买卖行为，如在关中地区的一些灌区资料中，就有水权单独买卖的记载。在长江流域，水权单独买卖的情况并不多见。民国以后，水权得到立法承认，并颁布了水权法规，人们对水权买卖行为的认识进入了一个新阶段。

（三）民间水事规约体现了较强的权利和义务并存的理念

在历代各地民间水事规约中，享受用水权和承担出资出力义务是对等的。一旦不承担相关义务，也就丧失了水的使用权。

（四）民间水事规约表现出较强的地域性

地域之间的差异性是中国传统社会的基本特征，在基本精神一致的基础上，水事规约的地域特色也是很鲜明的。不仅南方、北方不一样，就是同一大区域之内更小范围的地域之间也有差异。这些差异表现在方方面面，如管理人员名称、分水制度、浇灌顺序、出资出工具体内容、惩罚细则、维修条例、纠纷处理办法，等等。

（五）民间水事规约具有较强的继承性和稳定性

这些乡规民约、渠册、渠规等是在水利工程建成之初由全体出资人、出力人共同商定而成的，它的主要内容既体现着特定水文条件、地形条件、不同出资人和出力人的利益平衡，又体现着一定地域的风俗习惯、道德传统等价值选择。它既依靠官府的支持与认可，又具有一定的独立性，不会因政权的更迭发生根本性的变化，因而具有较强的历史传承性，成为民间社会的基本惯例长期沿用，有的甚至几百年不改一字，其内在的合理成分值得认真学习吸收。

六、当代农民用水合作组织的发展

中华人民共和国成立以后，中国共产党和政府领导广大农民开展农村水利化，在管理上形成了大型灌区由乡镇政府或灌区管理局直接管理与小型水利工程由村组管理相结合的管理模式。在土地集体所有、集中经营的计划经济条件下，这一管理模式是基本适应经济发展的。20世纪70年代末至80年代初，中国农村实行联产承包责任制以后，土地分散经营，逐步出现了一定程度的末端渠系管护不够、组织管理不到位、灌溉效益不理想等现象。为了解决这些问题，各级政府不断加大对基层水利建设的投入，积极探索政府管理与民间自主管理相结合的有效模式。尤其是近年来出现的以农民用水户协会为代表的农民用水合作组织，在促进水利管理方面发挥了积极的作用。

农民用水合作组织是农民用水户协会、水利合作社、灌溉合作社等组织的统称。其基本特征是：以某一水利工程设施（灌溉渠系、排水系统、水源设施等）所服务的区域或乡、村、组的行政区域为范围，由农户自愿参加，按照合作互助、民主管理和自我服务原则建立起来，主要从事水资源开发和购买、水费收取、水量分配、水事纠纷调解、参与水权管理和农田水利工程设施及末级渠系建设管护等工作，是一种非营利性的经济组织和自治组织。我国从20世纪90年代初开始探索发展农民用水合作组织。1995年，世界银行将"用水户协会"这一名称引进中国，并在湖北、湖南建立了第一批用水户协会。2000—2005年，水利部门加大了推广用水户协会的力度（特别在大型灌区）。2005年，国务院办公厅转发《关于建立农田水利建设新机制的意见》，规定"鼓励和扶持农民用水协会等专业合作组织的发展，充分发挥其在工程建设、使用维修、水费计收等方面的作用"，明确了用水户协会在农田水利工程建设管理中的地位和作用。2005年水利部、国家发展和改革委员会、民政部联合印发《关于加强农民用水户协会建设的意见》，对农民用水户协会的性质、权利义务、组建程序、运行和能力建设等有了明确的指导。2006年7月，由水利部、民政部和国家发展和改革委员会共同组织，在新疆召开了全国农民用水户协会经验交流会，将用水户协会的发展推向高潮。2007年，中央一号文件首次提到"推广农民用水户参与灌溉管理的有效做法"。2008年，中央一号文件提到"支持农民用水合作组织发展，提高服务能力。"2014年，水利部、国家发展和改革委员会、民政部等部门联合印发《关于鼓励和支持农民用水合作组织创新发展的指导意见》，推动了农田水利管理体制机制改革，创新了农民用水合作组织发展。2023年，为深入贯彻落实习近平总书记关于农村饮水安全保障的重要指示，水利部印发《关于加快推动农村供水高质量发展的指导意见》精神，对提升农村供水保障能力和水平，推动农村供水高质量发展具有重要意义。

农民用水合作组织采取民主选举、民主管理、民主监督的方式运行，减少了中间环节的搭车收费等问题，降低了水费标准，增加了透明度，调动了受益农户民主参与的积极性，运行管理逐渐规范，在工程管理、用水管理和水费计收中发挥了重要作用。一是推进了支渠以下的设施维修和管护工作，保障重点水利工程效益的发挥；二是减轻了用水户经济负担，促进农民增收；三是促进了灌溉节水，提升水资源使用效益；四是规范了用水秩序，减少用水纠纷；五是为"一事一议"提供了载体，营造和谐氛围。

农民用水合作组织，也是中国传统的民间水事规约的继承和发展。有些地方的民间合作用水办法就是在传统的乡规民约基础上形成的。如云南哈尼梯田的民间水资源管理办法，其核心内容是几百年来延续下来的。比如，根据山上引水沟渠的收益范围，由受益农户选举出三人组成的管理组织，并推选出办事公道、有威信的人为"沟长"，负责沟渠管护，工资待遇由各家均摊。一年一届，可以连选连任；根据灌区面积和沟渠流量，按沟渠流经顺序，在水沟和梯田分界处放置一横木或石头，按每一片梯田的需水量在横木上凿槽刻度，使水自行流入田中。这种"分水木刻"的分水方法，能够较为准确地分配梯田用水，减少浪费。分水木刻不能私自更改，否则要受罚。所有受益农户在每年开春，由村长（村主任）或沟长组织对沟渠集中维修，平时若有破损，自发维修等。这种民间机制延续数百年，对于确保哈尼梯田耕作方式的延续和发展发挥了积极的作用。

第五章

水文化遗产的保护与开发

我国特有的地理位置和自然环境决定了水利是中华民族生存、发展的必然选择。水利与中华文明同时起源，并贯穿于整个人类发展进程中。四千多年的水利建设，为我们留下了数量众多、分布广泛、类型多样、内涵丰富的水文化遗产。它们体现了不同时期和不同区域的水利建设状况，以及水利与政治、经济、社会、文化、环境和生态的关系，揭示了不同时期和不同区域水利建设的理念，不仅是我国水利发展历程的缩影，也充分体现了治水先辈的伟大智慧和创新精神，是中国甚至世界文化遗产的重要组成部分。有的至今仍在发挥防洪、除涝、灌溉、供水、水环境改善等综合利用功能，是"在用的""活着的"文化遗产。对这些水文化遗产尤其是"活着的"遗产进行科学地保护与合理地利用，使其得以有效保护或可持续利用，是水利部门和社会各界义不容辞的责任。

第一节 水文化遗产的内涵

水文化遗产是个新概念，但它具有与其他文化遗产同样的性质，即历史的悠久性、内容的博大性，以及显著的社会性、时代性和地域性等。同时它又具有显著的个性，即涉水特点。水文化遗产内涵与外延的界定应充分考虑这些共性与个性。

一、水文化遗产的内涵与分类

（一）水文化遗产的内涵

我国作为世界文明古国，水文化历史悠久、形式多样、内涵深刻，水文化遗产资源十分丰富。水文化遗产是根据水文化的特性来细分的文化遗产类型，将其细分并专项开展研究、保护和开发，有利于更加科学有效地指导各地开展城市水系治理和建设，有利于更好地促进水文化遗产的研究、保护开发和传承发展，有利于进一步丰富和完善水利科学发展体系。根据文化遗产的定义，结合水文化内容特点，可以将水文化遗产定义为：人类在水事活动中形成的具有较高历史、艺术、科学等价值的文物、遗址、建筑以及各种传统文化表现形式。水文化遗产是水文化传承的核心价值和表现形式，是我国文化遗产的重要组成，是人类治水文明的深刻体现和突出代表，是历史留存下来的宝贵财富，具有重要的价值。

（二）水文化遗产的分类

根据我国水文化的形式特点，结合文化遗产保护工作的需要，可以将水文化遗产分为三种基本类型。

（1）流域（地域）文化遗产。是反映流域、地域范围内文化特性和文化集结的遗产类型，比如长江文化遗产、运河文化遗产、西湖文化遗产等。流域文化遗产通常是以流域、水域为核心或纽带而形成的多层次、多维度的文化复合体，在较大范围内具有文化的统治力和广泛的影响力。流域文化遗产具有综合性、整体性特征，形式多样，内容丰富，不仅仅体现水文化方面，还包括政治、经济、社会、军事等方面的内容，既有物质文化遗产，也有非物质文化遗产。流域文化遗产中涉及的水文化遗产包括与水有关的文明遗址、历史文化、文物建筑、景观艺术、文学戏曲、民俗风情、科技成果等。流域文化遗产更多的是从宏观层面展示我国水文化遗产的博大精深和深厚底蕴，是不可多得的水文化资源，甚至是民族文化的代表和象征，可以列为世界文化遗产，如运河、西湖正在积极申报世界文化遗产。

（2）物质文化遗产。是承载着水文化内涵的物化载体，包括水形态、水工程、水景观等。水形态包括人们长期生活与治理的江河、湖泊、湿地、潮水、瀑布、溪流、泉水等。水工程包括至今保存较好的具有历史文化价值的亭、台、楼、塔、桥、堰、堤、闸、井、泉、水车等，如著名的赵州桥、苏堤、虎跑泉等。水是景观艺术的重要元素，水景观一旦成为一种传统、一种风格、一种韵味，便具有文化艺术特色。水景观也有许多种形式，如江南的风景园林当中，水是景观艺术的核心，景在水中，水景交融，给人以独特的享受。钱塘江潮水不仅波涛汹涌，奔腾不息，更为重要的是历史形成的观潮传统文化和潮水所蕴含的科学哲理。江南的水乡小镇是过去典型的社会城镇形态，通常以河为中心轴线发展而来，体现出江南人民喜好沿河而居、与水相邻的生活理念，保存至今也是重要的水文化遗产，对于指导现代城镇建设具有"活化石"的作用。物质文化遗产是微观层面的水文化遗产，是水文化遗产的主要构成，也是具体研究和保护开发的主要对象。

（3）非物质文化遗产。包括与水相关的历史人物与典故、科学技术、文学哲学、诗词戏曲、民间故事、风土人情等。历史人物著名的有大禹治水、钱王射潮的典故，诗词更是不胜枚举，如苏东坡的名句"欲把西湖比西子，淡妆浓抹总相宜"，民间故事如"白蛇传"中"断桥相遇""水漫金山"等都是闻名遐迩。一些古代水利工程体现出了高超的科技水平，具有很高的历史文化价值，如都江堰水利工程。现代社会涌现出的一批重要的水利工程如三峡、小浪底水利工程等也具有很高的科技水平，并对区域文化产生了重要的影响力。非物质文化遗产由于特色更加鲜明，形式更加多样，每种形式文化艺术的生存空间更加狭隘，传承发展的难度更大，许多已经失传或者濒临消亡，需要引起全社会的关注。

二、水文化遗产的价值

（一）历史文化价值

水文化遗产是人类水事活动中的遗存物，是人类治水历史和社会发展的见证，因此历史性是其显著特性，不同的历史时代、不同地域、不同民族呈现出不同的历史文化特征。水文化遗产具有重要的历史文化价值，表现在三方面：一是记录历史文化内容。非物质文化遗产当中许多记录人类的水事活动，表述了人类与水的关系。广泛流传于民间的神话、传说、史诗、歌谣、文学、故事中含有大量的水事历史题材，是水文化遗产的重要内容。二是反映社会发展水平。水文化的历史性、时代性，可以反映出古代的总体社会经济发展水平。一方面水事活动可以体现古代社会经济状况、农业生产水平；另一方面通过人与水的协调关系可以透视社会政治、文化艺术和哲学思想。如钱塘江南岸跨湖桥文化遗址发现的距今 8000 年的木船、陶器就标志着杭州也是中华文明的发祥地之一。三是传承优秀文化成果和精神思想。水文化是中华民族文化的母体文化，融合和集聚了中华儿女优秀的劳动创造和文化成果，是民族文化的精髓。"治国者必先治水"，治水理念经提炼后可以形成治国理念，甚至可以上升为哲学思想，并对宗教信仰、道德文化、人生哲理产生深刻影响。

（二）艺术价值

艺术是人类文明的重要成果，产生于人类活动的各个方面，也包括水事活动。水文化遗产当中有许多凝聚着人类的艺术成果，有的甚至成为艺术珍品。水文化遗产的艺术价值主要体现在建筑设计、美术工艺、风景园林、文学戏曲等方面。历史上的运河杭州段具有浓郁的文化艺术氛围。运河两岸的街巷弄堂大多沿河而筑，形成了一条条水巷街道，房屋多为骑楼和木楼瓦屋，古桥数量众多，造型精美，船只、码头、茶楼、河埠、仓库林立，杭剧、评话、弹词以及水上的"欢歌渔唱"等民间曲艺盛行，具有运河人家的独特韵味。

（三）科技价值

文化遗产的科技价值是古人在社会实践中所形成的对自然、社会的认知和创新。我国古代科学技术在世界上占有重要地位，一些文化遗产充分展示了古代社会较高的科技水平。作为世界遗产的都江堰水利工程利用河道自然弯道引力，解决了引水、泄洪和排沙的统一性问题，充分展示了古代水利工程设计上的科学性和创造性。赵州桥是古代拱桥建筑的典型代表，这种桥梁以其独特的构思，不仅节省材料，美观大方，而且便于行洪和通航，具有很高的科学艺术价值。水车、水磨等水利工具也体现了我国劳动人民早期利用水能进行生产实践和科学应用。

（四）经济价值

水文化遗产由于凝聚了人类的劳动和智慧，具有较高的历史、艺术和科学价值，是人类宝贵的物质和精神财富，属于稀缺性文化资源，因此具有重要的经济价值。部分遗产被列为国家级文物，本身具有突出的经济价值。水文化遗产作为旅游业和经济社会发展的重要资源，正逐步受到重视，并得到开发利用。文化旅游近些年来发展迅猛，水利部门也在完善和推进水利风景区的建设，努力推进水利文化旅游的发展，水文化遗产在其中发挥了重要的作用。

（五）水利功能价值

水文化遗产尤其是重要的水利设施具有一定水利功能，有的至今仍然发挥着重要的作用，承担着防洪、排涝、通航、灌溉、引水等功能。如京杭大运河仍然是南北水运的重要航道，西湖仍然发挥着区域防洪排涝的重要功能。水利功能价值是水文化遗产的基本价值，历经的年代虽然久远，但其作用仍然不可忽视。

三、水文化遗产的特点

（一）遗产属性的"多样性"

根据各地水文化遗产普查工作的划分：从遗产的实用功能划分，主要包括 34 处（截至 2023 年 12 月）世界灌溉工程遗产名录项目为代表的水利工程，以京杭大运河为代表的运河，以杭州西湖为代表的水景观，以及以水行政衙署、水祭祀庙宇、水人物旧居、水文题刻为代表的具有管理、祭祀、纪念、纪事等功能的涉水建筑物；从遗产的保存性状划分，主要包括在用工程、废弃工程、遗址遗迹（地面或地下），而大量存在的是混合型遗产，兼有在用或废弃或遗址遗存。多样的功能属性和保存性状，给水文化遗产的保护与利用管理工作带来一定难度。

（二）遗产结构的"复杂性"

根据水文化遗产的实体结构，单体工程和综合性工程并存，既有单体工程或建筑，又有多个工程组成的综合性工程。以水利工程为例，防洪防潮工程、农田灌溉工程、水力发电工程、排水防渍治碱工程、城市和工业输水工程及其他水利工程，仅灌溉工程就包括水源、灌溉堰渠、取水口、拦水坝、分水坝、水门水闸、灌溉梯田、饮水涵洞、渡槽等多个水工设施和附属建筑物，以及其他相关文化遗存，覆盖空间规模较大，分布较为分散，尤其是在用单体与废弃和遗址单体并存，加大了保护与利用的难度。

（三）遗产管理的"多元性"

水文化遗产管理主要涉及水利、交通、城建、文旅等部门，隶属水利部门管辖的最多，主要为水利工程和部分其他遗产，文保部门主要管辖列为文物保护单位的和需要考古发掘的遗址水文化遗产，城建部门主要管辖城市水利工程遗产和部分园林景观水文化遗产，运河类遗产则涉及交通部门管辖范畴，大型的水文化遗产则往往涉及多个部门管理权限，管理复杂。还有相当数量的小型水利工程由县级、乡镇政府或村委会管理，随着农村土地所有制的改变，基层公共工程管理逐渐缺失，此类水利工程遗产处境堪忧。

（四）遗产功能的"在用性"

在用工程水文化遗产仍然发挥防洪、除涝、灌溉、供水与水环境改善等功能，是水文化遗产中数量最多的一种特殊类型和重要组成部分，拥有"在用工程"和"文化遗产"的双重特性，给水文化遗产的保护和利用工作提出了更高专业性要求，必须优先确保工程的功能正常发挥，综合考虑其历史、现在与将来，将协调功能发挥和保护之间的矛盾作为重要突破点。

第二节 水文化遗产的保护与利用

《"十四五"水文化建设规划》明确指出"十四五"时期力争实现水利遗产保护显著加强，大力支持物质类和非物质类水文化遗产的保护工作。到 2035 年，基本建成完善的水文化规划体系和保障体系；建立较为完善的水利遗产保护和认定管理体系，重要水利遗产得到有效地保护传承和利用。

一、水文化遗产保护现状

（一）重视不够，保护意识淡薄

文化遗产的保护始于人们对文化遗产的重视和全社会广泛的认同，这项工作起步较晚，社会基础薄弱，面临的形势十分严峻。一是文化遗产的保护工作是一项投资需求大、覆盖面广、工作量大的社会公益性事业，文化部门、文物部门作为主管部门开展了大量的工作，但受资金、人力、行业等客观条件限制，保护工作仍然存在着薄弱环节，对水文化遗产的保护长期得不到足够的重视。二是当前全国各地包括水利设施在内的城市基础设施建设力度空前，许多地方都提出把水作为城市发展和有机更新的重要理念，水文化遗产的保护面临着艰巨的任务。许多地方仍把水系治理工作理解为简单的工程建设，只注重水利基础功能，忽视历史文化内涵的现象十分普遍。即便是水利系统内部，对于水文化遗产的认识也十分模糊，水文化遗产保护工作机制的缺失和监管不到位，导致水文化遗产遭到人为破坏。许多宝贵的桥、堤、闸、坝、堰、井、泉以及沿河重要的水景观、历史建筑、文化古迹被损毁，一批历史上曾经因水而名的水乡小镇已经名不副实，甚至一些蕴含水文化艺术的民间文学艺术因缺乏有效的保护措施，丧失传承发展的空间和环境，现已失传。

（二）体制机制有待建立健全

水文化遗产具有特殊性，它是人类千百年来水事活动的产物，与水密切相关，以水载物，以水载道。其保护工作不仅需要文化部门的协同配合，还需要水利部门从行业的角度进行科学判定。目前，水利部门尚未建立起水文化及水文化遗产的科学评价体系和相关配套政策体系，也没有建立起水文化相关的宣传推广工作体制机制，负责推进水文化各项工作。当前，对于水文化遗产的研究、保护、开发工作尚处于起步阶段，迫切需要得到全社会各方的高度重视，扎实推进各项工作，形成水文化发展所需的良好外部条件。水文化遗产属于不可再生资源，一旦破坏便无法有效恢复，保护工作责任重大。我国社会发展正处于转型期，随着中央对水利工作的逐步重视，水利发展迎来了历史性的机遇，水文化遗产保护工作更应创新思路，推动水文化遗产保护工作的开展。

（三）保护工作缺乏科学性、系统性

国内有关文化遗产保护的法律法规体系尚不完善。各地涉及文化遗产的保护开发虽有规划，但执行力度不够，监督机制有待加强。规划当中涉及水文化遗产的内容不全面，理解不深刻，层次性不高，具体要求和工作措施未能在城市水系治理专项规划以及其他建设项目规划中得到充分体现，得不到规范有序高效地推进。截至 2024 年 7 月，水利部已经开展了四次水利领域全国文物普查工作，通过普查掌握水利领域文物资源情况，部分内容也涉及水文化遗产的范畴，但是对水文化遗产的调查不够深入系统，这种缺失不利于全面了解和保护这些珍贵的文化资源。

二、水文化遗产生存保护面临的挑战

水文化遗产保护工作虽然取得一定的成绩，但随着经济社会的发展以及自然灾害频发等原因，水文化遗产生存保护状况仍旧面对诸多挑战。

（一）经济建设与水文化遗产保护冲突不断

经济发展离不开机场、铁路、公路、地产开发等大型项目，而建设这些项目势必会影响一些重要的水文化遗产。水文化遗产不可再生，一些重要的古代水利工程、水文化历史建筑、水文化遗址遗迹被损毁后很难恢复。亟需有关部门寻求平衡经济建设和水文化遗产保护的途径。蓬勃发展的经济带来了生活便利，也容易使人忽视那些蕴含我国传统水文化特色的传统水文化技艺、水民俗信仰、水文化音乐舞蹈等传承延续千百年的非物质水文化遗产，有些已经由于缺乏有效保护和必要的传承人而消失在历史长河中。

（二）水文化遗产保护资金和力量匮乏

目前，水文化遗产保护虽然在一定程度上得到了重视，对其投入的力度也越来越大，但保护经费不足的问题仍然非常突出。由于水文化遗产保护工作量大面广、任务繁重，仅

靠政府拨款只是杯水车薪，一些重要水利档案、水利地图、水利公文等记忆遗产没有得到有效保护，一些珍贵的物质类水文化遗产也因为缺乏维护经费而日渐损毁。除保护资金外，做好水文化遗产保护需要大批文保专业人员，但目前水文化遗产保护人员匮乏、专业背景不同，且从业人员大多缺乏统一、定期的岗位培训，综合业务素质相差甚大。

（三）水文化遗产保护缺乏行业间的协调与统筹

水文化遗产的管理体系复杂，管理主体多元，跨行业管理部门较多，各行业对水文化遗产保护工作的认识尚未统一。虽然近年来水利部重视水文化建设工作和水文化遗产保护工作，文物部门也将遗址水文化遗产纳入了工作范畴，但是保护意识的不同导致在工作中存在一定协调难度，比如许多列为文保单位的在用工程由水利部门管辖，许多工程未按照文物保护行业要求编制保护规划，或者规划编制工作严重滞后，如通济堰在2001年就已被评为全国重点文物保护单位，但直到2014年才编制《丽水通济堰文物保护总体规划》。同时，尚有大量处于水利和文物部门管辖之外由其他行业管辖的在用水文化遗产，由于未从水文化遗产角度出发进行管理，仍处于缺乏保护的状态。

（四）水文化遗产相关标准规范缺乏

第一，水文化遗产种类较多，尚无明确的标准来认定水文化遗产，导致许多有价值的水文化遗产处在保护管理的空白地带。第二，水文化遗产的保护利用工作依据的可操作性有待加强。目前《关于加强我国世界文化遗产保护管理工作的意见》《国务院办公厅关于进一步加强文物安全工作的实施意见》《中华人民共和国文物保护法》《中国文物古迹保护准则》等法律、法规、政策中明确了文化遗产保护与利用的基本方针和规范措施，《中华人民共和国水法》《中华人民共和国河道管理条例》《中华人民共和国防洪法》等法律法规中提出了河道、水工程的保护与管理相关规定。水文化遗产中的在用水利工程类，在文化遗产的相关要求基础上，要同时满足水利等行业的相关要求。上述两方面的法律法规都强调对河道和各类水工程的保护，都通过划定保护范围的方式保护，都要求针对保护范围提出具体的保护要求；区别在于前者划定文物保护单位保护范围和建设控制地带，强调对象本体安全传承的文物式保护；后者划定河道的管理范围、水工程的管理范围和保护范围，强调功能正常发挥的工程式保护，但文物的建设控制地带范围和水工程的保护范围性质相同，均指为了防止在工程设施周边进行对工程设施安全有不良影响的其他活动，满足工程安全需要而划定的一定范围。目前，尚需结合二者的针对性的操作规范，给各地开展相关工作提供确定的依据。

三、加强水文化遗产保护与利用

（一）树立强烈的水文化遗产保护意识

水利发展伴随着中华文明的发展的始终，形成了大量不同时期、不同类型的水利遗产，如都江堰、灵渠等一大批古水利工程，具有非常重要的遗产价值，至今仍在发挥作用，造福人民。对中华民族尤其是水利人而言，应该义不容辞地承担起保护的责任和义务。水利行业存在对水文化遗产保护的意识淡薄，对其价值和意义认知程度较低的现象。这就需要利用会议、培训、宣传等各种途径，加强对水文化遗产保护的教育，认识到丰富的水文化遗产承载着中华民族"人水关系"的历史，凝聚着中华民族的伟大创造力，镌刻着中华民族自强不息的精神，是中华文化的瑰宝，是传承水文化的重要载体，保护好、传承好、利用好水文化遗产，对于弘扬和传承中华先进水文化，提高水利发展的软实力，激励和动员广大水利职工积极投身水利事业，具有十分重要的意义。因此，一定要站在国家、民族的高度认识水文化遗产保护的意义，摒弃狭隘的本位主义，形成水文化遗产保护与利用的合力。

（二）大力开展水文化遗产研究

水文化遗产研究是一个新兴的领域，由于水与人类的生命、生产、生活关系密切，加之水本身具有流动性、包容性、连续性和开放性等特点，决定了水文化遗产的研究必然是个渗透多学科的综合课题。因此，水文化遗产的研究必须具有开放性，面向社会与公众，特别是要整合历史、地理、水利、考古、气候、景观、建筑、环境等多学科力量，以现代信息技术为平台，以水为媒介，将自然资源与文化资源、环境与遗产、不可移动文物与可移动文物、物质遗产与非物质遗产、古代人和现代人联系起来，从而全方位多角度地探寻复杂文化形态，切实解决人们对水文化遗产概念和价值认知的支离破碎，以及对一些重要水文化遗产内涵和价值认识不清的问题。

一方面，要进行基本概念界定。如水文化遗产概念、如何对水文化遗产进行分类、如何判定水文化遗产的价值及建立评估体系、如何建立积极有效的水文化遗产保护管理体制和运行机制等，目前还没有一个明确的科学的界定。因此，相关政府部门、研究机构应开展系统的、跨学科专题研究，厘清水文化遗产的基本概念、分类方法，提出水文化遗产价值评估体系以及管理运行模式等，为水文化遗产的保护与利用奠定坚实的基础。

另一方面，要厘清水文化遗产的内涵和价值。一般而言，水文化遗产大多具有历史价值、科技价值、审美价值、教育价值、情感价值等。对水利文化遗产而言，经过多年不懈地努力，对都江堰、灵渠、京杭大运河、洪泽湖大堤等重要古水利工程的历史、科技、审美、教育等方面的价值，研究探讨得比较透彻，但对大多数水利文化遗产而言，还没有进行系统深入的研究和分析。相关主体应根据中国水文化遗产的分布和分类，有计划、有步骤地组织开展水文化遗产内涵与价值的研究工作，先从重要水利文化遗产特征与价值做起，逐渐扩展和深入。

（三）全面摸清水文化遗产的家底

近年来，水利系统各有关单位在水文化遗产调查方面做了一些工作。如结合第一次水利普查，中国水利博物馆组织开展了水文化遗产调查和资料整理工作，并编纂出版了《全国水文化遗产分类图录》（以下简称《图录》）。虽然具有填补空白的意义，但该《图录》只是一些重要水文化遗产信息的采集，应该说还是个初步成果。再如，2012年以来，根据水利部办公厅《关于开展水文化遗产调查工作的通知》，各地水利部门分别开展了水文化遗产调查工作。但由于对调查内容、形式的设计不够专业和规范，加之各地水利部门的工作力度参差不齐，且大多没有文物部门的参与，导致调查工作的成果差强人意，离摸清水文化遗产家底这一目标尚有较大的距离。因此，建议分三步做好水文化遗产的调查摸底工作。

第一步，科学界定水文化遗产的概念和分类、分级，明确调查规范和技术路线，同时做好水文化遗产基本知识和调查方法的培训工作。

第二步，由水利部会同文物部门，吸纳文化、历史、航运等方面的专家参加，积极开展水文化遗产的调查工作，以全面系统地掌握各地水文化遗产的种类、数量、分布状况、生存环境、保护现状及存在问题。

第三步，在摸底调查的基础上，对水文化遗产进行评估和鉴定，并运用文字、录音、录像、数字化多媒体等各种方式，对全国的水文化遗产进行真实、系统、全面地记录，进而建立全国水文化遗产档案信息系统和名录体系。

（四）切实保护好水文化遗产

水文化遗产作为独特的、不可再生的珍贵文化资源，必须加以有效保护才能传承下来。通过科学规划、有效管理和科学方法进行保护。

一是制定科学的水文化遗产保护与利用规划。要根据水文化遗产普查的结果，遵循文物、水利、交通、环保等方面的法律法规，制定出切实可行的水文化遗产保护规划，明确今后10年左右水文化遗产保护的目标、原则、任务和主要措施、行动计划等，为水文化遗产保护与利用工作的开展提供科学的依据。

二是加强对水文化遗产保护的管理。进一步完善水文化遗产保护的体制机制，制定水文化遗产保护条例和管理办法，明确相关单位（部门）的管理责任和义务。如，鉴于水文化遗产涉及社会的许多部门，应建立由文化（文物）部门牵头，水利、交通、建筑、环保等部门参加的联席会议制度（中央、省、市、县四级均要建立），协调解决水利文化遗产保护中出现的问题。

三是强化重要水文化遗产的保护。面对庞大丰富的水文化遗产，我们要在尽可能全面搞好保护的前提下，本着"珍稀优先、精华为重"的原则，突出重点，着力做好精华水文化遗产的保护。比如，人口密集、经济文化发达的城市，在人类文明史上占有极重要的地位。水是城市的生命线，纵观中国城市发展史，无不与水和水利关系密切，并集中形成了包括城市防洪、供水、排水和水上交通以及治污等方面具有重要历史文化价值的水文化遗产，这些水文化遗产理应成为重点保护对象。再如，历史上形成的对国家或区域经济社会发展有着重大影响的大型水利工程，如都江堰、大运河、洪泽湖大堤、钱塘江海塘等文化遗产，也应强化保护。这里需要指出的是，由于都江堰、大运河等水文化遗产不是静态的文物，而是活态的、在用的水利工程，因此，必须妥善处理好保护与使用的关系，既不对遗产造成破坏，又使其在新的历史条件下发挥其使用价值，持续为人类服务。

四是注重非物质水文化遗产的保护。相对于物质水文化遗产的保护而言，非物质水文化遗产的保护更容易成为被忽视的"一族"。比如古代用于护岸、堵口和筑坝的埽工技术，行船时的劳动号子（如运河号子、黄河号子）、施工时的劳动号子（如海盐海塘号子，为当年修筑海塘时劳动者创造）等，这些非物质水文化遗产的保护，并未受到应有的重视。

当今社会，人们的生产生活方式较之古代有了翻天覆地的变化，现代化工具代替人的劳动已司空见惯，人们再也不用梢料、苇、秸和土石分层捆束做埽了，再也不用在河中撑船搞运输了，再也不用抬石头、打夯筑坝等传统方式修筑海塘了。在这种情况下，建设非物质水文化遗产数据库，把濒危的非物质水文化遗产的所有信息（文字、典籍、声音、图像等），用先进的数字化手段保存下来，显得尤为重要。因为，"保存"也是一种保护。另外，对某些传统的水工技艺，比如埽工技术，虽然在目前的筑堤抢险上已无实用价值，也没有必要去恢复，但可以作为一种表演项目，让这种文化传统得以保护与传承。

（五）充分发挥水文化遗产"以文化人"的作用

我们之所以要花大力气保护水文化遗产，其本质是为了发挥水文化遗产"以文化人"的作用。因此，要按照"保护优先，适度利用"的原则，在切实做好保护的基础上，适度开发，合理利用，持续发展，以开发促保护，以利用促发展。要加强水文化遗产的展示和宣传，把保护、传承水文化遗产与传播先进水文化有机结合起来，通过建设水文化遗址公园、博物馆、技艺展示馆，编撰史志，制作宣传画册、影视专题片等方式，让水文化遗产发挥传承文脉、重现历史、展示技艺、教育陶冶、审美怡情等功能。要重视大众传媒对水文化遗产的宣传作用，特别是相关宣传部门要把水文化遗产宣传作为重要内容，不断推出有影响力的精品佳作。要把保护传承水文化遗产与旅游开发结合起来，根据水文化遗产资源的种类和特点，打造富有特色的水文化遗产旅游品牌，从而最大限度地实现水文化遗产的文化价值和经济价值。

第三节　广州水文化遗产及保护利用

广州是一座"因水而生，因水而兴，因水而困，因水而荣"的城市，是按照"上善若水，水孕文明，文明城市"的自然哲学模式形成和发展起来的城市。2000多年的治水历史，创造了广州绚烂丰富的水文化遗存。

一、广州水文化基本情况

水维系着广州的生存和发展，广州的文脉与水紧紧相连。在相当长的历史时期内，广州是一座"河道如巷、水系成网"的水城。正如清代《羊城竹枝词》中描绘的那样"水绕重城俨画图，风流应不让姑苏"。清末以后的近百年间，特别是近50年来，由于人口的增长，广州城的不断改造，广州的水环境发生了巨大的改变：湖泊水面减少现象明显，古时的兰湖、菊湖、西湖等大湖，今已不复存在或面积大大缩小。市区人工湖如：荔湾湖、流花湖和东山湖三大人工湖的水面总面积已从原来的 105.7hm^2，减少至 2003 年的 70.6hm^2，减少约 30%。在宋代，珠江曾因江面宽阔被称为"珠海"，宽达 1.5km，而如今因两岸陆地向江心推进，珠江水域缩窄，最宽处仅 170m 左右。沼泽地消失比较严重。旧时荔枝湾湿地已成为城市街区，昔日泮塘沼泽的"十里泮塘烟雨霏"的风情也几乎荡然无存。随着广州经济的发展，大量的工业废水、生活污水的直接排放，对广州现存的河涌以及珠江造成了极大的污染，导致水质的恶化，排入珠江广州河段的废污水量也相应增加，水质急剧恶化。20世纪90年代，位于后航道的河南水厂，前航道的车陂水厂、员村水厂、黄埔水厂均因水源水质严重污染而失去生活供水功能，现已成为制约广州市可持续发展的一个重要因素。水质污染程度的增加、水功能的变化使人与水的亲近感逐渐淡漠。过去丰富多彩的水上娱乐和风俗习惯也面临着消失的危险。城市规划中已将过去的"云山珠水"向"山田城海"转变，广州传统的水文化走向衰落，昔日广州水城的特色遂逐步丧失，2000多年的文脉因此面临被割裂的危险。

随着生活水平的提高，人们也要求河流能够给社会生活提供越来越多的功能和服务。除了防洪、抗旱的安全保障之外，20 世纪 70 年代，人们开始关注水环境 80 年代开始关注水域景观，90 年代又开始关注水域的生态系统。2000 年以来，随着城市竞争的深入化和国际化，城市建设对水文化遗产的保护与传承提出新的要求，对作为中国国家级园林城市的广州来说更是如此。社会的要求必然推动广州水文化的发展，如何适应当代人对水的多样化要求，成为现代水文化建设和发展的主流。本书从遗产保护角度出发，对广州水文化、水遗产进行全面的梳理，从总结广州城市水文化遗产的类型和特点入手，确定广州水文化遗产保护利用的思路，为广州城市规划和水文化建设提供建议。

二、广州水文化遗产梳理

（一）广州水文化遗产的类型

广州自建成之始便与水关系密切。坐拥"云山珠水"的广州自古水系发达，河涌众多。历史上广州城内分布着纵横交错的水网，有西濠、东濠、南濠、玉带濠、清水濠、新河浦、杨基涌、猎德涌、海珠涌等大小河涌100多条。城内外湖泊众多，大北一带有兰湖，小北有菊湖，城中有西湖，西关有泮塘沼泽。由于有这众多的湿地，广州曾经是一个名副其实的水城。大的水环境为水文化的衍生提供了素材和便利。这些水文化积淀在广州悠久的历史文化传统里并渗透到人们的日常生活当中，形成了其特有的城市水文化遗产。按照广州水文化遗产的性质和存在形态，可将其划分为以下几种类型。

1. 聚落文化遗产

人文地理学中的聚落是指人类住宅及其附带的各种营造物的集合体，是一种历史现象。人类聚落的起源和发展离不开水，珠江水系的存在为广州地区聚落的形成创造了独特的地理环境。这里的人民世世代代辛苦劳作，充分发挥自己的智慧，营造出了具有亚热带地区气候特征和珠三角地理特征的地域水乡聚落——岭南水乡。

有"水城"之称的广州曾是岭南水乡的杰出代表。因珠江水面比较宽阔，自广州南越王赵佗建城以来，城市一直局限在珠江北岸发展。宋代广州城三城并立，形成了以统一水巷街市为特征的城市空间结构形态，明清广州城市建设受风水思想的影响，城市建设结合独特的山水自然环境，形成了"六脉皆通海，青山半入城"的空间结构形态和"白云越秀翠城邑，三塔三关锁珠江"的大空间格局。

江南水乡以"六大水乡古镇"为主要的聚落景观遗存，而岭南水乡则更多以"乡村"的聚落类型保留下来。广州典型的岭南水乡古村落主要分布在从化、花都、增城、黄浦等郊区，保留比较完整的有小洲村、黄浦村、大岭村、瓜岭村、茶塘村、朗头村、南湾村等几十座。

2. 水利文化遗产

城市水利文化是与人们生活最为密切的水文化分支，涉及市民生活的方方面面。城市水利文化遗产主要包括水上交通、城市供排水、治污工程、城市防洪等几个方面，它们是广州城市特色以及水利思想的集中体现，因而也构成了广州水文化遗产的重要内容。

在近代交通工具出现之前，广州人民利用珠江进行客货运输，和各地进行经济、文化交流。自秦汉时期开始，广州即成为全国性的经济都会和海上丝绸之路始发港之一，到宋元城内外贸易更加兴盛，乾隆二十二年（1757年），清政府关闭泉州、明州两个外贸港口后，广州成了全国唯一的通商口岸。发达的水运奠定了广州的工商业地位。2000年，考古学家在原南越国都城南城墙发掘出的西汉南越国木构水闸遗址，兼具防潮、排水和防御功能，表明广州城防洪排涝的历史源远流长。宋代以后广州古城防洪排涝工程的系统化建设,通过环城濠池和六脉渠将广州城内的大小河涌沟通成一个水网,形成了一个集排洪、交通、防卫等功能于一体的城市水系格局。

3. 宗教文化遗产

广州内拥珠江,南临大海,海岸线长 258.7km,境内河网纵横,水与人们生活息息相关。江海河流既给广州居民尤其是水上居民以舟楫渔盐之利,又造成风暴潮涝之患,使得人们对水既恐惧又敬畏。这种情愫渗透到人们的日常生活和思维方式中,形成了广州城市特有水情结。凡与海、水有关的神灵,他们都事之甚谨,顶礼膜拜。如海神、雷神、飓风神、南海神、天妃(妈祖)、龙母、龙王、北帝太乙、伏波神等水(海)神自出道之后,莫不香火如云,信众如织。其中尤以南海神、妈祖和北帝三大水(海)神最为著名。目前保留的最具有代表性的庙宇有南海神庙、黄大仙祠遗迹、龙母庙及天后宫等几处。

4. 园林文化遗产

广州城河网交织密布,桥梁纵贯其间,湖泊、沼泽点缀其中,构成了古代羊城美丽的自然风光。除去被人类敬畏,自然形态的水亦可通过审美进入人类精神生活而获得文化生命。水景观光、游览也是广州人休闲娱乐生活的重要节目。

战国时代的古越先民开始设庭筑院,继而经营造园活动,缔造了独特的岭南园林的雏形。东晋太元时期(376—396 年)已有人叠石菖蒲涧边,供百人游览。唐代及南汉时期,甘溪流经的城区被开发为著名的游览避暑胜地。"一湾春水绿,两岸荔枝红"的西关地区更是以其"烟水二十余里"的特殊风韵而成为南国水乡景致的代表。这里水陆相属,亭桥相连,荔枝遍布,南汉时期还被辟为宫苑,形成园林化特色,有著名的昌华苑、芳华苑、华林园等,以及苏氏园等私家园林。由于气候、地理、历史文化的影响,广州古典园林中的理水造景艺术设计手法明显区别于北方的皇家园林以及江南的私家园林,具有引水涌水、近水亲水、傍水临水、夹水借水、贴水围水、荡水戏水等特色。

5. 民俗文化遗产

民俗是人们根据自己的生产、生活内容与生产、生活方式,结合当地的自然条件,在一定的社会形态下,自然而然地创造出来,并世代相传而形成的一种对人们的心理、语言和行为都具有持久、稳定约束力的规范体系。广州水文化几乎渗透包括建筑、戏剧、音乐、文学、绘画、工艺、饮食等各个领域,例如建筑中的风水及水景营造;民间曲艺中的龙舟歌、咸水歌;饮食中的"生猛海鲜"、靓汤、凉茶等。这些习俗无不受到水文化的影响。

6. 语言文化遗产

陈正祥曾指出地名是代表某一地方或地形的符号,其来源与演变除受天然环境之影响外,亦常为文化的接触所左右。地名是历史的产物与其他的词语相比,具有相对的稳定性。广州地名中多含滘、漖、沥、江、井、泉等,例如番禺沙湾紫坭村西北的濠滘、村南的三善滘、猎德涌等,与井泉有关者,仍保留有清泉横巷(在应元路)、莲花井(在东风中路)、双井街(在盘福路)、打水巷和井边巷(在光孝路)、福泉街(在六榕路)、甜水巷(在惠福西路)、井泉巷(在朝天路)、流水井(在西湖路)等。按照相关学者的研究统计,广州的所有地名中,有 60.12% 是与水有关的,充分反映了水文化的影响。

除地名外,在广州的方言中,也有很多与水有关的词语。例如吹水(吹牛,侃大山)、干水（没钱）、度水（借钱）、扑水（到处筹钱）、通水（考试时告诉别人答案）、掠水（不择手段地骗取或强夺钱财）、威水（威风、神气）等。

（二）广州城市水文化遗产的特点

通过对广州水文化遗产类型的总结，我们可以发现，广州的水文化遗产具有以下几个显著的特点，这些特点也使得广州水文化区别于其他地区的水文化。

1. 类型多样

广州在历史上曾经是一个水城，水文化遗产非常丰富，积淀深厚。既有众多的河流、河涌、水库和湖泊的自然景观，也有众多的历史文化类遗迹遗址；既有反映岭南水乡生活的岭南古村镇，也有反映广州贸易历史的海上丝绸之路遗址；既有与人们生活密切相关的交通景观，也有服务当地居民的城市水利景观。类型涉及人们的生产、生活、娱乐等众多方面，与广州地区人们的生活密不可分。

2. 影响重大

在珠江的影响下，广州历史上曾形成"白云越秀翠城邑三塔三关锁珠江"的大空间格局。民国期间，政府着重完善了由越秀山到海珠广场的城市主轴线，加强了城市与水的联系。20世纪90年代，城市向东发展后，构建了与传统中轴线平行的新的中轴线。现在新旧轴线、白云山、珠江构成了整个广州城市空间格局。丰富的水资源和发达的水运奠定了水在广州城市发展中的地位，长期的历史积淀也形成了丰富而独特的水景观和水文化风俗。在广州自宋代以来评选"羊城八景"中包含了众多的水景。除去实体的水文化遗产以外，水文化还渗透到广州人民的民俗、语言、园林、建筑等生活文化之中。沙涌鳌鱼舞、沙湾飘色、沙田咸水歌等民俗艺术和凌边祈巧、龙舟竞渡、舞龙舞狮等民俗活动的盛行，无不表明水文化对当地人民心理性格、思维方式和价值观念的重大影响。

3. 品质高

广州水文化是广州文化中个性最鲜明的文化形态。广州水文化景观不仅数量多，类型丰富，而且品质也非常高。南越国木构水闸是目前世界上发现时代最早、规模最大、保存最完整的木构水闸。经研究认定为2000多年前西汉南越国时期的城市水利设施遗存。它的出土对了解汉代广州城区的防洪设施及两汉时期城址布局、结构及南越墙位置、坐标，提供了重要线索。广州沙面建筑群、余荫山房、莲花山古采石场、秦代造船遗址（南越国宫署遗址）及南越文王墓这些广州典型的水文化景观是全国重点文物保护单位，而广州公布的第一批16个市级历史文化保护区名单，其中与水直接或间接有关的多达14个，这也充分体现了水文化在广州文化体系中的地位。

4. 分布集中

受水文化景观类型的影响，不同类型的水文化景观具有分布集中的特点。其中自然景观主要是沿主要的河道、河涌分布，并且主要位于广州北部人烟较为稀少的地区；人文景观和非物质景观主要集中在旧城区，多分布在人们密集居住区域。老城区如越秀、荔湾、海珠及番禺区是古珠江水系发达之地，因此也是现今水文化遗迹的密集区域。海珠区和黄埔区是过去珠江入海口，大多数与海洋相关的水文化资源如古港、导航塔、运河分布在这两个区。珠江及其河涌是广州市水文化的源泉，构成了水文化遗产分布的"线"，形成了生态廊道、文化廊道和生活廊道等各具特色的水文化遗产廊道。例如，海上丝绸之路等。

5. 连接历史的文脉

文脉是指各种元素之间对话的内在联系。引申开来，从景观角度看，文脉是关于人与建筑景观、建筑景观与城市景观、城市景观与历史文化之间的关系，有人称其为"一种景观文化传承的脉络关系"。从这个意义上来理解，城市文脉则可以理解成历史的发展过程中及特定条件下，人、建筑景观、城市景观以及相应历史文化背景四者之间一种内在的、动态的本质联系的总和。而广州水文化作为人类社会文明与智慧的结晶，在时间的不断积淀中形成自身的体系，在空间的不断延续中形成本土特色，在自然积累和稳定演化中不断地自我调节和自我完善，体现了广州城市的文脉。广州与水的关系反映了广州城市的发展，早期的先民更多的是怕水、崇拜水；宋朝以后，广州人的治水思想和技术达到巅峰；明清，广州商人充分利用水道的运输功能，将广州建成中国甚至全球最大的港口之一；虽然在广州近代化和现代化的近百年中，广州城市水受到人为的极大破坏，但是近年来，已开始实施"碧水工程"和滨水区整治，满足广州市民对滨水公共空间的需求和对水质的更高要求。

三、广州水文化遗产的保护与利用

基于对广州水文化遗产类型的分类及特点的归纳，在对广州水文化遗产保护问题上，应采取保护第一，通过利用带动保护的策略，制定对水文化遗产的利用思路，树立系统观、发展观，注重水文化遗产廊道的开发，实现水文化保护与利用的双赢局面。广州市水文化遗产的挖掘和保护应该体现历史与现代融合、自然与人文环境融合的多样体。

（一）树立水文化遗产保护和建设的系统观

系统观是广州水文化遗产利用中最核心的思路。只有当人们充分认识到水系统是自然大系统的一部分、水文化是人类文化长河中的一部分、单个水文化景观是广州水文化景观体系的一部分的时候，才有可能真正实施水文化的可持续发展。而且，也只有当人们把水及水文化都看成人与自然、人与社会这两个大系统中的一个子系统，并正确处理这个子系统与其他子系统之间的关系时，人们才能高效利用城市中的水及水文化。

（二）重视广州水文化遗产的文脉地位

在进行现代式的水文景观设计，不能完全脱离本地原有的文化与当地人文历史沉淀下来的审美情趣，不能割裂传统。尽量将城市的重要区域、单体、标志物置于河畔。比如，加强北京路、上下九商业区与珠江的联系，使这两片CBD与水相连。加强对文溪，六脉通渠，丝绸之路等水文化遗产线路和水文化区域的保护，注意保留与利用灯塔、吊桥、码头等历史元素，逐步恢复历史河流水系。

（三）塑造现代城市水文化景观

历史上广州与水的关系充分说明，每个时代都有自己的水文化特征，水景观就是这些水文化的符号和标志。现代水文化已经不仅仅是水利工程，也不仅仅是滨水标志性建筑的建设，而是更为复杂的社会管理和公共治理的问题；不仅仅是人们如何治理水，如何获得生产和生活用水，更重要的是城市生态安全的问题，是如何协调城市发展与水资源的保护与可持续利用的问题；也是如何解决人民群众对水的多元化需求的问题，通过水文化建设和实施实现社会公平，实现"和谐"社会与水文化建设良性互动的问题。水文化的建设也不仅仅是解决水的问题，而是通过水文化建设推动广州城市进一步发展的问题。水体景观的设计要注重与城市居民生活相结合的原则,反映民俗文化,富于生活的气息。广州市水体景观元素存量大,具有动态性,水文化历史源远流长,可营造多样的水体景观来展现"水城特色"。

(四) 注重水文化遗产廊道的开发

遗产廊道是绿色通道和遗产保护区域化结合的产物,是一种线形的文化景观,在这些景观中人与自然共存,长期的发展形成了"人与自然的共同作品"。广州的水文化遗产在分布上具有线性分布和片区集中的特点,可以将其开发为有特色的水文化遗产廊道。水文化遗产廊道的建设要以"人与水"的亲和关系为出发点,追求理想的生活场所,且不能与过去历史割裂,应该如流动的水一般讲述城市的"过去、现在和未来"。

1. 海上丝绸之路文化廊道

广州是绵延2000多年的中外海上交通的重要通道——海上丝绸之路的唯一不衰港,在海上丝绸之路的各个历史时期都具有不可替代的作用。西汉初年,中国就已形成了对外贸易的广州港市,一直延续至明清,至今,广州还保存着秦代造船工场遗址(秦,汉)、南海神庙(隋)、怀圣寺光塔和蕃坊(唐)以及十三行夷馆(明)等20多处文物和史迹。可以以珠江为线,将这些文物和史迹串联起来,将其打造成广州的重要景观节点和城市开放空间。

2. 城市水利文化遗产廊道

广州有着依水而生的城市布局,水系维系广州的繁荣。六脉渠将广州城内的水系贯串起来,构成了一个四通八达的水网,是广州古城内最重要的城市分水、排水系统。不仅起到了城内防洪、防火的作用,还承担着交通航运的功能。"六脉皆通海"是对昔日水城的生动描绘。然而随着广州城市的发展,有的濠涌因建马路被填掉了,有的则成了街名,如清水濠。六脉渠也多被改造成暗渠或被新建的马路渠取代。这些水系对广州城市发展的重要作用是不能抹杀的,可以结合河涌整治工程,恢复历史景观,形成广州水利文化遗产廊道,开展水利文化遗产旅游。有学者曾以东濠涌为例进行过相关的研究,将逐渐衰败的东濠涌周边地区,积极利用原有的建筑和空间,采取有效措施保护和继承原有风貌,对已经遭到破坏的历史性空间,通过恢复原有的文化遗产风貌等保护性工作来发展旅游。同时加强标识系统建设,使人们可以科学地认识水资源和水文化遗产。通过整体规划和整治,将其改造成为展示广州城市千年发展历程的代表性区域。

3. 现代文化生态旅游廊道

水质达标的河涌可以开发为城市生态休闲走廊。以花地河为例,花地河是珠江支流,位于广州市荔湾区西南部。主河道北接珠江西航道,南连平洲水道,中段西部与佛山溪相通。北端于山村地段汇入珠江西航道,南端于南海市平洲镇三山地段汇入珠江南航道。有秀水涌、佛山溪等支流共13条,可以通过环境整治和休闲生态建设,打造"岭南文化生态休闲区"。

广州市创造了极其灿烂的城市水文化,我们应该大力发掘、精心保护、积极发扬这份伟大的文化遗产,将其渗透到城市建设的各个方面,使传统文化与现代化的广州相映生辉,形成独特的文化品位,这对广州物质文化和精神文明的建设都是很有意义的。通过研究发现,广州城市水文化遗产可划分为聚落文化遗产、水利文化遗产、园林文化遗产、宗教文化遗产、民俗文化遗产和语言文化遗产六大类，并且具有类型多样、品质高、分布集中，连接了广州历史的文脉，对广州城市发展影响重大等特点。在保护利用广州水文化遗产时要格外注重水文化遗产廊道的开发，营造多样性的水景观，丰富广州水文化遗产内涵。目前，关于广州水文化遗产及保护利用已经取得了阶段性成果。水是城市的生命线，是城市文明的摇篮。纵观中国城市的发展史，在很大程度上就是一部与水打交道的历史，正是在悠久的水事活动中，中国人民创造了光辉灿烂的水文化，这些也成为中华民族文化的重要组成部分。现代社会，伴随着中国城市建设飞速发展，城市规模的迅速扩大，水文化的保护和传承受到了严峻的挑战，不仅广州如此，我国依水而建的大部分城市也面临着同样的考验。城市水系的功能已经不仅仅是防洪、供水、交通等，现代人对城市水的需求更加多样化，对水的生态功能、景观功能和文化功能的需求日益增多。城市水系与城市风格、文化、国际形象等密不可分，水文化也成为实现城市文化多样性的重要条件，也构成了城市竞争力的一个关键要素。

第六章

水文化教育与传播

水文化的形成和积淀、传承与绵延、创新与发展、作用与价值,不仅取决于其内容和形式的魅力,也取决于教育与传播的能力。要使水文化这种精神力量转化为物质力量,教育与传播是关键。

第一节 水文化教育

水文化教育作为文化教育的内容之一,是社会主义文化建设的重要组成部分。开展水文化教育是时代发展的要求,是推进人类事业进步的迫切需要,是培养高素质综合型人才的重要途径,是一个长期复杂的系统工程。

一、水文化教育的概念

水文化教育是指人们在水事活动中进行的以水为载体的各种教育活动的总和,是文化教育中以水为核心的教育集合体,包括学校教育和全社会教育。一切打上了与水有关的印记的自然界物质和行为活动都属于水文化教育的范畴。把水文化教育作为公民品德与社会教育的重要内容,既传播了中华民族的优秀文化,又使学生及社会公众在以"爱水、护水、节水"为主题的水文化教育中,从心灵上得到启迪、品德上得到提升。

水文化教育的重要内涵是人与自然相处的哲学和价值观。水文化教育概念提出的初衷是实现人与自然的永续相处,所以说人水和谐是水文化教育的核心价值观。有了对水的深刻理解,人们才会亲水、爱水、节水、护水,注重协调水与社会可持续发展之间的关系。在当代的水资源开发、保护、利用中,需要强化全社会的水文化教育意识,这种意识是当代社会保护水资源,人类社会可持续发展的文化基础。从表面看,水危机的产生是人类社会不断向水与自然过度索取的结果。而从更深层面看,水危机的产生是水文化教育发展滞后和缺失所致,水文化教育是解决水危机的基础性工作。

二、水文化教育的学科属性
(一)水文化教育是一个交叉学科

水文化教育是一个交叉性、综合性很强的学科。文化本身就是一个高度综合的范畴,是一种看不见摸不着但又无处不在的"形而上"之物。水文化和水文化教育尽管只是文化的一个分支,但涉及的领域也很广泛。要完全掌握水文化教育的规律,需要马列主义、科学社会主义、水利学、文化学、教育学、哲学、历史学、资源管理学、政治学、经济学、法学、美学、民俗学、宗教学等多学科的基本理论与方法。

（二）水文化教育属于思想政治教育学科

水文化教育尽管是一个交叉学科，但它的核心点、落脚点在于教育，而且是以水文化为核心的教育。在新时代，加强思想政治教育尤为重要，它不仅关乎个人成长和家庭幸福，更是社会发展和民族复兴的基础。思想政治教育的主要任务是通过系统的教育和引导，帮助人们了解马克思主义基本原理和马克思主义中国化过程中形成的革命和建设基本理论体系、基本形势任务、核心价值观念等，引导人们树立正确的世界观、人生观和价值观，增强社会主义核心价值观的认同感，提升思想道德素质和社会责任感。这些思想和理论并不是一些基本的、简单的结论和大而化之之条条框框，而是由丰富的内容组成的。其中，以水文化为主要内容的传统文化和以水文化为重要内容的当代文化应该是思想政治教育的有机组成部分。

水文化的核心内涵，就是人类处理与水关系过程中形成的、蕴含在物质形态、制度形态、精神形态文明成果中的思想观念、审美情趣、心理倾向、智力成果等。因为它的教育内容与水有关，容易使人更多看到它的水元素，而忽略了它的思想政治教育元素。水文化教育在本质上属于思想政治教育范畴，水文化教育的内容具有物质、精神、制度等多个层面以及不同时代、不同地域、不同民族等多种特征，是传统文化和当代文化建设的结合、行业性与社会性的结合，是思想政治教育的重要内容和营养来源，是思想政治教育不可缺少的重要内容，它不仅是中国特色社会主义文化建设的重要组成部分，也是人类思想教育共同的精神食粮。

（三）水文化教育是思想政治教育的特殊组成部分

水文化教育是思想政治教育的特殊组成部分，其特殊性在于：

（1）专门性。它是以水为核心、以水为载体的思想政治教育，属于中国特色社会主义文化教育的一部分，只是思想政治教育的一个侧面、一个领域、一种载体。

（2）间接性。和传统的思想政治教育形态相比，它不是直接地、正面地进行马克思主义理论和中国特色社会主义核心价值观教育，而是间接地、渗透性地寓教于水、寓教于乐，它引导人们在亲水、戏水中感受水之美，在学习治水、管水成就过程中增强民族自豪感，在了解水危机的过程中增强社会责任感等等。总之，水文化教育的思想教育功能特点是引导人们在不知不觉中树立正确的世界观、人生观、价值观。

（3）综合性。如上所述，水文化教育是一个多学科交叉的学科领域，要充分发挥其教育功能，必须掌握多学科知识，从多学科角度进行阐释，从多维度进行教育。

三、水文化教育的内容

水文化教育的重要内容有以下几方面：

（一）基本的水情教育

基本水情教育主要包括流域及流域上的水利工程；江、河、湖、湿地等自然资源；分蓄洪工程；护城河、水利风景、水利遗址等名胜古迹。这类水文化教育资源具有认知、启智、审美、怡情、思想政治教育和实习实训等教育功能。

（二）水法规教育

历代管水治水的文献资料，中华人民共和国成立以来有关水事活动的政策法规、管理办法，以及与水有关的乡规民约等都属于水法规范畴。这类水文化教育资源具有培养民主精神，进行法制教育，形成自律意识，加强行为约束，引导探究学习等教育功能。

（三）水精神教育

人们在利用水、治理水、开发水、保护水和欣赏水的社会生活实践中形成的思想观念、价值体系、科学知识、文学艺术、民间故事、杰出人物、民族精神等都属于水精神范畴。这类水文化教育资源具有品德教育、习惯养成、情感熏陶、精神激励等教育功能。

（四）节水意识教育

工业节水、农业节水、生活节水的方法及节水的法规，这类水文化教育具有增强学生的节水意识，培养节水习惯等教育功能。水利院校作为培养水利人才的基地，与社会经济的发展紧密相连，在节水型社会建设中更要发挥应有的作用，为节水扬帆领航。

（五）水文化基础知识的教育

通过水文化基础知识的教育，了解水文化的基本内涵、主要内容和水文化建设的主要任务，认识水文化的重要性，了解其在历史、社会、经济和生态等各个方面的价值和作用，增强自身的水文化素养，自觉地投身水文化建设。

四、水文化教育的意义

水文化是建设社会主义文化强国的重要组成部分。开展水文化教育是思想政治教育的重要内容，它不仅有利于社会主义核心价值观教育，能够为水利事业提供智力支持和先进理念，有利于在全社会树立人水和谐的理念，增强文化自信，为新时代文化强国建设贡献水文化的力量。

（一）水文化教育有利于弘扬社会主义核心价值观

水文化建设，是社会主义文化建设和弘扬中华文化的重要组成部分，是社会主义精神文明建设的重要内容。水文化作为中华传统文化和当代文化建设的重要组成部分，对人们思想观念、道德情操、意志品质的养成，发挥着潜移默化的作用。因此，开展水文化教育，既是利用水文化资源培育人、塑造人、发扬人文精神、提升公众精神境界的一种重要形式，更是建设和谐社会、弘扬中华传统文化和中华民族精神的重要内容和途径。社会主义核心价值观是社会意识形态的本质体现，是全国人民的思想基础，是团结奋斗的精神旗帜，它贯穿于水文化研究和水文化建设的全过程。加强水文化教育，有利于提高全民族的思想道德素质，提升整体国民素质，产生全民族巨大的凝聚力和向心力。

（二）水文化教育有利于强化人水和谐理念

水文化教育的推行不仅对提高全社会"知水、爱水、节水、护水"意识和行为具有促进作用，也对实施有效的水资源管理、建设节水型社会具有重大的推动作用。要通过水文化教育培育人、塑造人，提升人的精神境界和综合素质，改善人水关系，实现人水和谐。

我国水文化博大精深，源远流长，在华夏五千年文明历史中占据重要地位。人水和谐是中华水文化的精髓，也是我国经济社会发展的基础。实施水文化教育的根本目的就是要培养我们的人水和谐思想，以此促进水资源的可持续利用。一方面，通过水利教育，使人们可以更深入地学习我国古代先贤提出的"人水和谐"理念。另一方面，使人们从著名的水利工程中体悟人水和谐理念，了解水资源短缺、水污染、水土流失等问题已严重影响全球经济社会的和谐发展。当前，我们更应在多元的社会架构中，更加注重遵循自然规律，千方百计实现人与水、人与自然的和谐相处，让碧水清澈长流，为社会可持续发展提供有力保障。因此，水文化教育通过知识育人、理念育人、管理育人、服务育人、环境育人，能够培养全社会亲水、爱水、节水、惜水的意识，养成良好的水文化行为，特别是把和谐理念融入水文化建设的全过程，大力倡导人与人、人与社会、人与自然和谐相处，重点强化人水和谐理念，推进人与水和谐相处，形成人人"安全用水、节约用水、生态用水、文明用水"的良好氛围，促进资源节约型、环境友好型社会建设。

（三）水文化教育有利于思想政治教育工作创新

水文化建设的特点是通过以文化人，文化感染，文化教育等方法来转换人的观念，提高人们思想、文化和道德的素养。而思想政治教育从实际出发，找准工作学习中的切入点，必须注重捕捉现实中的闪光点，并及时地将其融汇到人们的学习生活和实践中去，启发他们自觉地进行对比性思考，从而达到提高思想觉悟的目的。通过认真地学习并借鉴水文化建设的经验，可以有效地拓宽思想政治工作的思路，充实思想政治教育工作的内容。例如：水文化最核心的内容，就是学习和弘扬大禹治水体现的三过家门而不入的敬业精神，水坚忍不拔、勇往直前的进取精神，凝心聚力、水乳交融的团结精神，坚忍不拔、水滴石穿的拼搏精神，水利万物而不争的奉献精神，水清如镜的诚信精神和"负责、务实、求精、创新"的南水北调精神等。"水能载舟，亦能覆舟"等水哲学的辩证法思想，丰富着思想政治教育工作的内容。千变万化的水形态、多姿多彩的水景观构成了人类审美活动的重要内容和重要载体，体现了人类亲水、爱水的本性，使得人们精神愉悦、身体舒适、心理健康。以水为载体的大量丰富多彩的水文化教育活动，有利于人们在体验式、参与式、娱乐式、审美式、休闲式活动中接受积极向上的能量，为传统思想政治教育方式、方法和载体创新打开了一个窗口、提供了一个新视角。

（四）水文化教育有利于推动水利事业发展

水利事业是一项伟大的事业。随着我国经济社会的快速发展，我国水利事业由传统水利向现代水利转变，工程水利向资源水利转变，单一实用水利向多功能水利转变，人们对水利事业文化的需求不断增多，水利在国民经济和文明进步中的地位更加重要。在水利行业加强水文化教育，对水利事业的发展具有重要的意义。

一是为水利行业培养有用人才。教育代表未来，未来水利事业是否健康发展，取决于目前水利高等教育的现状。我国水利高等教育的根本任务就是为社会主义事业培养合格的水利水电事业建设者和接班人，通过坚持不懈的水文化教育，加快水利行业专业人才培养，培养具有水文化精神、博学多才的水利建设复合型人才。

二是为水利行业提供先进理念支撑。以水生态文明、先进水环境设计理念为指导，建立更多赏心悦目、有文化内涵的水利工程，是当代水利发展的必然。水文化先进理念，无疑会为促进水利建设领域重要理念和理论支撑的提升，促进当代水利事业健康发展，满足人们日益增长的对水利事业的需求。

三是为水利队伍凝心聚力。通过水文化教育，激发广大水利干部职工创业的积极性，产生共同热爱水利事业的使命感、归属感和认同感，从而产生强大的动力，使职工热爱本职工作，关心水利事业发展。

四是约束行为。通过水文化教育，创造共同文化氛围，有利于确立一种共同的价值观，引导职工自觉调整个人行为规范，提高职工综合素质。通过水文化教育，推广水文化，培育人、塑造人，全面提高水文化在职工思想道德建设中的地位和作用，推动水利事业不断发展。

五、水文化教育的现状与问题

（一）我国水文化教育的现状

水文化教育是促进水文化建设和发展的重要途径，开展水文化教育，对于弘扬传承中华水文化、宣传普及基本国情水情、积极推动生态文明建设、实现华夏历史文明的可持续发展，具有深远意义。

1. 水文化教育重视程度日益提高

经过专家学者的呼吁，水文化教育的重要性正在得到行业内及学术界、教育界、各级领导（尤其是水利系统领导）的重视。在水利部水文化建设规划纲要中，对水文化教育专门做出规划。在各级水利部门的水文化建设规划中，也从不同方面对水文化教育提出了明确的要求。

2. 学校水文化教育有序开展

开展水文化教育的学校不断增多，课程建设得到加强，选修水文化课程的学生不断增多。河海大学、华北水利水电大学、浙江水利水电学院、西安理工大学水利水电学院、安徽水利水电职业技术学院、福建水利电力职业技术学院、南昌工程学院、重庆水利电力职业技术学院、广东水利电力职业技术学院等水利院校，先后开设了《中华水文化概论》选修课，普及水文化知识，培养学生的水文化素质，在教学过程中充分发挥教育资源，创设水的意境，运用水之情的教育方法，让学生在学习水文化知识的过程中感受大自然。通过水文化教育，推广水文化，培育人、塑造人，营造亲水、爱水、节水、护水的社会意识，提升社会公众的文化素养，实现人与水、人与自然、人与环境和谐共生。

3. 水文化教材建设稳步推进

最早的水文化教育教材是中国水利文学艺术协会李宗新、靳怀堾、尉天骄主编，黄河水利出版社2008年出版的《中华水文化概论》为代表。该书奠定了水文化的基本理论框架，是一本入门之作。随着水文化研究的不断深入和水文化教育的广泛开展，急需分类编写水文化教育教材。基于此，中国水利水电出版社于2014—2015年，组织国内水文化研究的专家学者和高校教师，编写出版了《中华水文化书系》三个系列，分别为图说水文化系列、专题研究系列、教材系列，总计有26个分册，约720万字。其中教材系列包括《中华水文化通论（水文化大学生读本）》《水文化研究生读本》《水文化中学生读本（高中版）》《水文化中学生读本（初中版）》《水文化小学生读本（高年级）》《水文化小学生读本（低年级）》《水文化职工培训读本》《水文化大众读本》等。这套丛书的编写出版，分别针对不同的教育对象，初步解决了水文化分类分层教育的教材问题。

4. 水文化教育设施不断完善

中国水利博物馆、大运河博物馆、黄河博物馆（新馆）、小浪底博物馆等相继建成使用，对社会公众开放。水利部依托《中国水利报》，成立了中国水情教育中心，并于2016年在北京市节水展馆、天津节水科技馆、河道总督府（清宴园）、中国水利博物馆、华北水利水电大学、深圳水土保持科技示范园、重庆白鹤梁水下博物馆、陕西水利博物馆等单位设立了水情教育基地。华北水利水电大学建立了水文化陈列馆和水文化信息资源库,浙江水电学院建立了水文化长廊等。

5. 高品位水文化工程相继建成

水文化主题公园、水文化景观、水利风景区等相继建成使用,教育功能得到发挥。江苏南京、泰州,浙江杭州、绍兴等地在城市建设中较好地发掘并渗透了水文化元素,德州、许昌、石家庄、郑州等北方城市建设生态水系及音乐喷泉等水景观,寓教于乐,取得了一定成绩。

(二) 我国水文化教育存在的问题

开展水文化教育是一个长期复杂的系统工程。虽然我国水文化历史悠久,但系统的水文化教育远远不够,特别是还未纳入国家、社会乃至学校的日常人文教育中。与欧美国家相比,我国水文化教育刚刚起步。目前,主要存在以下几个方面的问题。

1. 社会认同度不高

长期以来,我国关于水文化教育的研究几乎是空白,各个阶层对水文化教育的认识和重视程度不够,人们总是习惯把水文化看成水利部门的事情,把水文化仅当作水利部门的行业文化,将水文化教育过多地局限于各级各类学校,面向全社会的水文化教育滞后且薄弱。在全社会的层面,对于社会公众而言,"水文化"和"水文化教育"是一个较为陌生的概念,公众对水文化教育的普遍认知仅仅停留在"水资源匮乏""节约用水"的水平上,对水文化教育及重要意义、作用,组织推进,实际成效了解甚少、关注度较低,水文化教育的知晓率、认同感、影响面、影响力都较为有限,人们也很少把水文化同生态环境改善、社会文化进步及人类生存质量提高联系起来,未认识到开展水文化教育的重要意义和作用。公众的普遍认知仅仅停留在"水资源匮乏""节约用水"的水平上,更没有将水文化视作一笔社会财富。目前,我国对水文化的研究较少。一些少数民族的民族习俗或活动中有丰富的水文化,如傣族的泼水节、藏族的沐浴节、壮族的汲新水、白族的春水节、湘西苗族的抢头水等,但这些习俗只是作为民俗活动和旅游资源保留下来,并没有系统研究,没有融入惜水、爱水、治水、净水的价值理念。还有些地区盲目追求旅游资源的开发和利益,教育的效果微乎其微。

2. 覆盖面不广

教育这一层面,虽然学校教育领域是水文化教育的基础和关键,但由于不够重视在根本上导致水文化教育的社会认同程度不高,造成水文化教育在学校初级教育、中等教育,甚至高等教育这一重要领域仍然影响力小、覆盖面不广。突出表现为:

一是在小学、初中、高中缺乏连续性、专门的水文化教育,水文化教育的内容仅仅分散于相关的课程中。

二是高等院校对学生的品德教育和专业知识的教育非常重视,但在一定程度上忽视了对学生进行与水利有关的人文社会科学的教育,使不少学生对中国的水利史、建筑学、工程美学、水文化等知之甚少。不仅影响了在校学生全面发展,而且严重地影响了整个水利建设队伍知识结构的完善和文化素质的提高。

三是即使在与水利事业关系比较密切的校、院、系和专业,水文化教育不够受重视,内容也不够全面、深度也不够到位,师资力量不足,特别是水文化课程体系还未完善,水文化相关课程大多限于公共选修课、参加水文化社会实践活动的学生数量有限、水文化相关宣传活动辐射范围小。

四是在全社会范围内，开展水文化教育活动非常有限，只有一些零星的活动，使得水文化教育还处于在水利行业内、在专家学者范围内"自说自念"的阶段。

3. 学科属性不明确

水文化教育是一个交叉性、综合性很强的学科。由于涉及文化、教育、生态等本身内涵和外延十分丰富的命题和概念，涉及理工、社会、经济等多个学科门类，但又不能明确地归为文化学、水利学、思想政治教育学任一学科，也很难独立成为一个学科。由此，客观上，既使其发展空间巨大，又面临着学科地位较难确立的尴尬境地，最直接的表现是，当前各类高校的专科、本科、研究生阶段均无水文化教育专业，这在重要的层面上影响了水文化教育的发展。

4. 教育内容较为单一

水文化教育是人类教育史中重要的组成部分，高等教育作为教育传承的社会机构，在水文化教育的传承与创新方面应该发挥其应有的作用。但从整体上看，水文化的内涵没有得到有效地挖掘，水的精髓、水的精神、水的哲学等教育思想没有得到有效地挖掘，水文化教育的源泉枯竭，水文化教育知识体系不完善，水文化教育内容空洞、陈旧、单一，缺乏系统性。大学生在小学阶段和中学阶段虽然已经对中国水文化教育有了一定的了解，但认知层次较浅，所掌握的水文化的涵盖范围较窄，而到了大学阶段，本应该强化的水文化知识补给却缺乏系统性、深入性、思辨性。水文化教育进校园本身也远未达到应有的程度，未引起各大高校的重视和共鸣，这就造成了当代大学生对我国水文化教育的内涵认识程度不高，对水文化教育的价值认识不足。

5. 教育队伍力量薄弱

一是专业人才队伍匮乏。水文化教育的推动者是政府，但当前的水文化研究机构多在水利系统设置，就队伍保障而言，教育主体相对比较单一，水文化教育的专业学术人才相对稀缺，学术成果相对匮乏，水文化学科、基础建设明显薄弱，人员数量不足，社会力量参与不够。二是工作热情不够。部分高校教育者对水文化教育工作缺乏热情，把其当作一种任务来完成，当作一种形式来应付，在互动过程中理性有余而情感投入不足，缺乏相互之间的理解和沟通，教育者敷衍塞责，被教育者机械接受。三是人员素质不高。目前，有相当数量的高校的水文化教育工作基本上都是由辅导员承担，但现在大多数辅导员往往疲于应对日常学生事务，缺乏水知识、水理念、水价值等学科背景，难以取得明显的教育成效。

六、实施水文化教育的对策

针对我国现阶段水文化教育的特点，实施水文化教育必须实现以下方面的转变：由响亮的口号转变为切实的行动；由专业的知识转变为易学的科普；由简单的了解转变为系统的学习；由零散的活动转变为广泛的参与。在全社会中小学、大专院校开展有重点、有步骤的水文化教育。实现水文化教育融入人才培养方案、融入课程教学体系、融入学生第二课堂；水文化教育进课堂、进课表、进教材、进社区、进街道、进工厂。在全社会普及水文化知识，提升水文化认知，推广水文化，营造爱护水、珍惜水、保护水的社会意识。实现教育当代人，培育下代人的水危机意识，培养人水和谐理念，形成一种与水环境友好的文化氛围；实现人与水、人与自然、人与环境的和谐发展。

（一）分学段有序推进学校中华优秀传统水文化教育

开展水文化教育要有广泛性。教育对象要广泛，知识面要广，并且针对不同年龄段的学生，采取不同的教育手段。

1. 小学低年级

以培育学生对中华水文化的亲切感为重点，开展启蒙水文化教育，培养学生热爱中华水文化的感情。认识常用的与水相关的汉字、成语，初步感受汉字的美；诵读浅近的水诗歌，获得初步的情感体验，感受水文学语言的优美；了解一些古代治水的故事，知道中华民族重要的治水事件，了解家乡的水习俗、水环境。

2. 小学高年级

以提高学生对中华优秀传统水文化的感受力为重点，开展认知水文化教育，了解中华优秀传统水文化的丰富多彩。熟练书写与水相关的正楷字，理解与水相关的文化含义，体会与水相关的优美的结构艺术；诵读古代水诗文经典篇目，理解作品大意，体会其意境和情感；了解中华民族历代治水先人抗击洪涝灾害，为国家富强作出的牺牲和贡献；知道重要传统节日的水文化内涵和家乡生活水习俗变迁；感受水文化的丰富表现形式和特点。

3. 初中阶段

以增强学生对中华优秀传统水文化的理解力为重点，提高对中华优秀传统水文化的认同度。引导学生认识我国水文化传统和基本水资源国情。诵读古代水诗词，阅读浅易的与水相关的文言文，提高欣赏品位；知道中国水历史的重要史实和发展的基本线索，认识中华水文明的历史价值和现实意义；参加水文化节庆活动，了解传统水习俗的文化内涵。

4. 高中阶段

以增强学生对中华优秀传统水文化的理性认识为重点，引导学生感悟中华优秀传统水文化的精神内涵，增强学生对中华优秀传统水文化的自信心。阅读篇幅较长的传统水文化的经典作品；认识中华水文明形成的悠久历史，感悟中华水文明在世界历史中的重要地位；了解水艺术的丰富的表现形式和特点，感受不同时代、地域、民族特色的艺术风格，接触和体验祖国各地的风土人情、水民俗，了解中华民族丰富的水文化遗产。

5. 大学阶段

以提高学生对中华优秀传统水文化的自主学习和探究能力为重点，培养学生的水文化创新意识，增强学生传承弘扬中华优秀传统水文化的责任感和使命感。深入学习中国古代水文化思想的重要典籍，理解中华优秀传统水文化的精髓，强化学生水文化的主体意识和创新意识。

（二）建立水利高等院校"三融"的水文化教育体系

1. 水文化教育融入人才培养方案

我国自古重农兴水利，水利建设已有几千年的历史，都江堰、灵渠，京杭大运河等一大批水利工程闻名于世。尤其是 21 世纪以来，对"水利"的理解已跳出了既定思维，不再只是传统意义的灌溉防洪，而是往更深层次的资源水利、生态水利、人文水利甚至文化水利来发展。而水利类综合院校作为国家水利人才的培养基地，肩负着为国家输入大批水利行业中坚力量的责任，其教学理念的先进性与贯彻度对整个中国水利行业的发展走向起着至关重要的作用。

水利高等院校要将水文化教育纳入人才培养计划，坚持将水文化教育的内涵、知识及核心理念，以及"水利精神、水的品质"为核心的职业素养和"忠诚、干净、担当，科学、求实、创新"的新时代水利精神作为对人才基本素质的内在要求，强调"以水育人""以文化人"的人才培养理念，通过水文化教育进一步使学生增强水之诚信，树立水之和谐，勇于水之创新，厚积水之实践。

2. 水文化教育融入课程教学体系

水利高等院校以教化、存史、熏陶、怡情、传播、服务等为目标，将水文化教育纳入教学体系，开设一定学时的必修课，拓宽水文化选修课覆盖面。让水文化教育进课堂、进教材、进课表。让治水精神入眼、入心、入脑。重点建设一批中华优秀传统水文化精品视频公开课。

3. 水文化教育融入学生第二课堂

积极组织开展水文化教育相关的第二课堂，成立以水文化教育为特色的学生社团。利用每年的"世界水日""中国水周""环保日""低碳日""水法宣传日"等纪念日，举办各种专题水教育活动。组织开展水文化教育知识竞赛、举办节水成果展览，注重运用板报、公益广告、宣传标语，充分利用寒假、暑假开展水资源、水生态、水历史、水文化、水环境、水法规、水科普和科学节水等水教育。让水文化知识深入街道社区、深入大中小学、深入厂矿企业、深入乡间田头。

（三）切实加强水文化教育课程建设

水利高等院校要充分认识到水文化人才培养的重要性和紧迫性，充分发挥教育资源和优势，培养学生亲水、爱水、节水、惜水意识，养成良好的水文化行为和习惯，做到教书育人、管理育人、服务育人、环境育人。

1. 构建完整的水文化教育内容体系

要深入挖掘水文化教育的丰富内涵，构建完整的水文化教育内容体系。目前，中国水利水电出版社已经出版中华水文化书系，其中一个专题系列就是教育读本系列，从中小学到高校，再到水利职工、社会大众都已经有了教材。应该按照教材的基本体系构建不同受众的教育内容体系，深入挖掘不同受众教育内容的内涵，增强针对性、实效性。

2. 深刻把握水文化教育的教学目的

水文化作为中华传统文化和当代文化建设的重要组成部分，对人们思想观念、道德情操、意志品质的养成，发挥着潜移默化的作用，要认真钻研，深刻把握水文化教育的教学目的。第一，通过学习，让大学生了解水文化的历史和基本知识，提高水文化教育内涵的认知程度。第二，通过学习，使他们继承我国古往今来水的伟大智慧和优秀思想传统。第三，通过学习，培养学生掌握水文化技能。第四，通过学习，领悟各个时代水利人的伟大智慧和精神，自觉增强责任感、使命感和危机感。第五，通过学习，增强学生审美意识，促进健康人格的养成。第六，通过学习，增强学生向全社会传播先进水文化的责任感和使命感，为全社会水文化普及、水文化传承，提升国民整体素质打下基础。

3. 改进教学方法，确保教学效果

首先，承担教学任务的教师必须具备强烈的事业心和责任感，必须有知难而进，敢于创新，勇挑重担的精神和勇气。其次，必须勤于学习，具备宽厚的知识。同时，要把培训纳入学校整体师资队伍建设规划，有计划地安排水文化教师外出培训进修、学习考察、开展形式多样的学术研讨等。再次，必须掌握先进的教学手段和教学方法。要科学设计教学内容，积极组织有效教学形式，教师和科技工作者要下功夫制作一些高水平、高质量的多媒体课件，研发一些高科技软件，把丰富多彩的水文化内涵揭示出来、演示出来。最后，要积极组织学生参与课外水文化教育社会实践活动，在水文化主题宣传、水文化社会活动等社会实践活动中发挥好业务指导作用。

（四）着力增强水文化教育的多元支撑

水文化教育是全社会的一项系统工程，是学前教育、学校教育、社会教育的多元集合体。水文化教育贯穿到经济社会与群众生活的全过程，尤其应当加强青少年对我国水资源短缺的国情和水情教育，让孩子认识水、热爱水、保护水是家长、学校和社会的共同责任和义务，家长、学校和社会应该营造起这种氛围。通过小手牵大手，才能使亲水、爱水、近水、惜水意识深入人心，真正成为全社会的自觉行动。

1. 打造"属水"校园文化品牌

各个学校要以"水文化"为载体，全面加强少年儿童思想品德教育，打造"属水"校园文化品牌。以水文化为载体，依托水文化教育来传播优秀的中华传统文化，唤醒青少年儿童的水意识，认识水的价值，树立水的形象，践行爱水和护水的品质，发扬水的精神。在"水"的观念文化、"水"的行为文化、"水"的环境文化、"水"的课程文化、"水"的制度文化等方面进行规划与设计。将水的谦逊、博学、恒毅、奉献等精神渗透到学校的物质文化、精神文化、行为文化中去，努力在师生的心目中树立起一面"水文化"的精神旗帜。

2. 建立水文化教育科普基地

以水利博物馆、水文化博物馆、水利风景区、水生态保护区、水生态示范地、水工程、水遗迹、水公园、水工具、水文化长廊等方式，全方位地建立具有教化、怡情、体验、服务、传播的水文化教育科普基地。

在全社会进行节水、爱水、护水、亲水教育，把水文化教育与培育公民树立良好的资源道德观念结合起来，与节水型社会建设结合起来，发挥水文化的引导功能和自律意识。让学生和社会公众接受水文化的熏陶，感悟水文化的魅力，体验水文化的情怀，结识水文化的情缘，弘扬水文化的精神。

3. 建立互动式的水文化教育方式

创造互动式的水文化教育方式，通过举办各种参与性的水文化教育活动，通过庙会、节日、社团活动、志愿者服务、青少年社会实践等多种形式丰富的水文化教育和普及活动，影响改变人水关系的观念和陋习，培养全社会亲水、爱水、节水、惜水的意识，养成良好的水文化行为，实现人水和谐。同时，要注重公众对于水文化活动的参与热情和宝贵意见，最终拓宽公众获取水文化知识的渠道，带动群众参与节水型社会建设。

4. 举办水文化教育研修班

定期举办水利机关干部水文化教育研修班，水利行业专业技术人员水文化教育培训班和水利系统一般职工水文化教育学习班。通过水利行业开展水文化教育，使水利行业广大职工了解行业的文化和历史，提升水利行业广大职工水文化素养，更重要的是使水利行业广大职工树立人与自然和谐的生态建设新理念。并以其指导治水、管水、设计、施工、建设的全过程。建设法治水利、体现文化水利、营造生态水利。

5. 引导社会公众广泛参与水文化宣传教育活动

学者、水利工作者、政府部门要关注水文化宣传教育，加强合作、多管齐下，全方位推行水文化宣传教育。各级政府要经常性举办水文化宣传教育活动，如通过文学、影视、戏剧、书画、美术、音乐等多种形式，大力普及水文化知识，增强民众的水文化意识，树立水文化伦理和品德，大力宣传水文化在加强生态建设、维护生态安全、弘扬生态文明中的重要地位和作用。举办水利建设成就摄影展、水文化书法摄影大赛、水文化风景画展、节水器具展、水文化专场文艺晚会；创作水文化主题歌、诗歌，制作宣传水文化建设的专题片、画册；利用报纸、电视、广播等新闻媒体广泛宣传，让更多的人了解我国的水历史、水文化、水资源等。引导社会公众广泛参与水文化宣传教育活动，理解自己和他人之间涉水方式的不同，了解自己作为社会一员与水这种自然环境重要因素的关系，养成"节水、爱水、知水、护水"的价值观念，学习推进水资源可持续利用所要求的行为和生活方式。

（五）加强水文化教育人才队伍建设

为全面提升水文化教育人才队伍素质，加强水文化教育人才队伍建设，必须采取措施，搞好业务培训，用好现有人才，培养专业人才，开发激励机制，挖掘人才潜力，不断提高水文化教育工作者和水利职工队伍的思想道德和科学文化素质，不断增强其文化自觉和自信。

1. 坚持开展业务培训

针对水文化教育工作和水利职工队伍现状，结合水文化教育工作特点、岗位需求，对相关专业人员进行轮训，加大培训力度，努力提升现有水文化教育人才业务素质和综合素养，打造高素质水文化教育专业人才队伍。

2. 畅通人才成长渠道

充分调动水文化教育和水利职工队伍人才工作积极性和主动性，建立激励机制，畅通人才成长渠道，积极发挥主观能动性，变被动工作为主动工作，变应付完成工作任务为主动争创业绩，并且制定水文化教育专业人员轮岗计划，多岗锻炼，多岗实践，着力培养造就高素质的水文化教育综合人才。

3. 确保干部队伍的健康稳定发展

要保证水文化教育队伍的稳定性，要及时掌握干部思想、工作状态等情况，保持队伍活力，对发现的问题苗头及时提出意见建议并加以整改，保障干部队伍的健康稳定发展。

（六）创新教育载体和手段

随着时代的发展和社会的进步，人民群众对水文化发展和精神文化生活提出了新期盼、新期待和新要求，因此，水文化教育的方法和形式也应该相应地进行调整和改变，与教育对象的需求相适应。

1. 广泛开展相关社会实践活动

把水文化教育作为全民素质教育的重要内容，通过在全社会范围内广泛深入地开展水文化教育，宣传普及基本国情水情，弘扬传承中华水文化。在开展水文化主题宣传活动中，利用"世界水日""中国水周"等宣传形式，通过发放宣传册、召开座谈会、制作展板、悬挂条幅等形式，开展水文化教育进社区、进单位、进学校活动，向社会各层面，宣传我国面临的水形势、水问题、水法规，解答公民日常水常识和生活节水小技巧，培养公民水文化意识，养成良好的水文化行为。社会实践活动既是水文化教育课堂学习的延伸，也是大学生水文化教育学习的深化实践，要运用丰富多彩的社会实践活动，创造水文化。首先，可以尝试采取座谈讨论、理论研讨，开展丰富多彩的文艺活动等校园文化活动形式；其次，可以组织学生进社区进行水文化宣传讲解，丰富学生社会实践活动内容；还可以定期组织学生参观水博物馆、纪念馆、水文化遗迹和水利工程建设等，让学生在实践中切身感受到中国水文化教育的博大精深，体验到中国水文化教育的精神力量。

2. 充分依托现代传媒手段

充分依托现代传媒手段，如抖音、微博、手机、微信、QQ、社区网、校园网、校报、橱窗等活动载体，对单位职工、社区居民和在校学生进行水文化教育。通过多种形式，营造文化氛围，使每个公民在耳濡目染中感受水文化的教育魅力。另外，还可以定期组织单位职工、社区居民和在校学生观看一定数量的反映民族精神和时代特色涉及水、水利的重大历史题材的影视作品，增加每个公民自身的文化内涵，全民参与，提升整体国民素质。还可建立专门水文化教育网站，将中国水文化教育的精华以文字、图像、声音等形式融入网站内容，打破时间与空间的限制，利用网络媒体互动的特点，让公民能从网上感受到水文化教育的魅力，提高学习水文化教育的主动性和积极性，使每个公民自觉承担起传承水文化教育的重担。

3. 积极创新水文化传播形式

要高度重视各级广播电视、新闻媒体和互联网的地位和作用，借助传媒的力量，将水文化教育融入内容产品中去，可以通过广播、电视、报纸、杂志等大众传媒作为弘扬水文化教育的有效平台，积极运用、管理和使用，通过网络媒体，弘扬传承中华水文化、宣传普及基本国情水情、积极推动生态文明建设，实现华夏文明的可持续发展，使中华水文化的影响走向世界。

在欧美一些国家，政府部门及行业非常重视水的教育，关于水的教育已经比较系统和相对成熟，有完备的教学内容和实践领域，并在引导公众参与水资源管理、对水利管理者实施监督等方面起到重要的作用。与发达国家的水文化教育相比，我国的水文化教育尚处于起步阶段，尚未形成广泛而深入的普及和推广。在发达国家，水文化教育已经融入了人们的日常生活，成为一种重要的文化传承和环境保护手段。这些国家通过各种形式的教育活动，如学校课程、社区活动、媒体宣传等，向公众普及水资源的重要性、水环境保护的知识以及节水意识。相比之下，我国的水文化教育虽然已经逐渐受到重视，但整体上仍处于初级阶段，缺乏系统的教育体系和广泛的公众参与。为了提升我国的水文化教育水平，我们需要借鉴发达国家的经验，加强政策支持，推动学校、社区和媒体等多方面的合作，共同构建一个全面、多层次的水文化教育体系，以提高公众的水环境保护意识和节水能力。

第二节 水文化传播

水文化作为中华文化的重要组成部分，其建设和传播可谓任重而道远。从一定程度上讲，水文化重在建设，成在传播。因为，水文化的繁荣是基于水文化的普及，而水文化的普及必须借助传播这个工具，没有水文化的繁荣就不会有水文化建设水平的提高。

一、水文化传播的时代内涵

水文化传播是指水利组织和其他组织凭借一定的传播途径交流信息，把特定的水文化信息、价值理念，有计划地传递扩散给公众，并使其得到共享、理解、协同合作的过程。20世纪以来，文化传播对人类社会和人类生产生活的全面渗透，文化在传播过程中有着一种文化增殖现象。大禹治水的故事流传几千年，家喻户晓，是中华水文化传播的经典。

要对水文化传播进行全面、系统地了解，首先应透过形态各异的水文化传播形态，把握水文化传播这一概念的内涵。水文化传播过程中根本的、具有普遍指导意义的时代内涵主要体现在几个方面。

（1）水文化传播旨在构建和谐水文化。和谐社会体现在人与社会关系、人与自然关系及人自身身心关系三个层面。和谐水文化属于人与自然关系层面的内容。从一般意义上说，社会与文化具有内在的同一性，而和谐社会与先进文化则蕴涵着更深层次上的同一性。和谐水文化可以理解为以核心价值取向为主要内容的那一部分先进水文化，具有真、善、美的本质特征。只有先进水文化作为基本内涵的支持和支撑，人与自然才能有真正的和谐。所以在水文化传播活动中，传播主体应该从纷繁复杂的水文化现象中选取科学的、健康的、先进的内容进行传播，而对那些虚伪、病态、无创造甚至是对真文化构成破坏的伪文化进行剔除，避免伪文化认知形成，使人与水和谐相处成为全社会的主流文化观念。

（2）水文化传播核心价值取向是科学发展的水文化。文化是在不断地发展、演变、创新的。水文化也是如此，从古至今，人们在和水的关系上经历了从人水相争到人水和谐的历程，水文化的内涵、意义、形式都有巨大的发展变化，用科学发展的观点关注水文化的新内涵、新形式、新特点是水文化传播活动的重要指向。在水文化传播进程中，因循守旧、教条僵化、自以为是的状态会造成社会上关于水资源价值观念的混乱、价值目标的模糊，从而引发水文化发展的停滞，甚至倒退。习近平文化思想是习近平新时代中国特色社会主义思想的重要组成部分，为水文化创新发展提供了根本遵循和行动指南，指导我们更好地理解水文化传播的核心价值，增强全社会对水文化的认同感和归属感。

（3）水文化传播的必要手段是实现跨文化互动。建设和谐社会是在世界一体化、经济全球化的大背景下展开的。水作为全世界人类生命赖以生存，社会经济发展不可缺少的重要自然资源和环境要素，水文化是全世界的文化主题。1993年联合国大会对"世界水日"确定就是一个典型的世界性文化构建行为。中华水文化具有它独特的地域性和民族性，以它的本土性为生存的根基。水文化的发展不仅需要继承自己祖先的水文化智慧，还需要吸收借鉴各种外来的水文化精髓。如何面对其他地域、民族的水文化影响决定了本民族自身的发展方向和发展速度。先进水文化的生命力恰恰体现在它的理解力、亲和力，对其他民族水文化的接受、消化、融合能力。跨文化传播能够为不同智慧之间相互理解和沟通提供途径。只有在与外来文化的接触融合过程即跨文化互动中，才能克服本土水文化中的某些狭隘性、保守性、封闭性，才能创造更加富有时代精神和生命活力的先进水文化。我们传统水文化精髓中"海纳百川，有容乃大"的说法其实就是一种开放、包容的民族文化胸襟的体现。

（4）水文化传播第一主体是大众传播媒介。大众媒体使得原本在人际口耳相传的文化传承关系跃上了社会性传播的新层面。尽管人际相互的直接传播并未因此消失，其社会辐射力和包容性却已远逊于大众传播。

由于大众传播媒体具有影响公共舆论的生成及其形态的能力，可将媒体营造的"媒体公共舆论"置于社会公共舆论的场域中。借助公共舆论的强大力量，"媒体公共舆论"取得了公共性的权威地位。所以，大众传播决定着水文化传播的总体方向，也决定着水文化传播活动的传播界限、传播目的及传播的目标群体等，它决定着受众将以何种方式、接受何种样式的水文化信息传播。

二、水文化传播的意义

水文化作为中国传统文化的重要组成部分，具有经济价值、艺术价值、文化价值、水利功能价值等。现阶段水文化传播的规模、水平和繁荣程度，不仅对我国水利事业的发展有着直接的影响，而且对促进水文化传播、坚定文化自信等都具有重要的意义。

（一）有利于坚定文化自信

水文化的本质是人与水关系的文化。水是生存之本、文明之源。水的"无处不在"使得水与人类的生产生活和生态文明建设有着密切关系。可以说与水相关的文化，内涵丰富，外延广阔，水文化的内容也十分丰富多彩，可以极大地满足人们对美好生活的需求。对水文化的传播，重点是对中华水文化的传播，这与我国悠久的历史和灿烂的文化相关，所以这个过程也是我们坚定文化自信的过程。习近平总书记指出，"文化自信是更基础、更广泛、更深厚的自信"。水文化可以成为传承中华文化的载体，在增强中华民族的文化自信中体现价值、贡献力量。综上所述，水文化传播可以丰富文化生活，坚定文化自信。

（二）有利于服务治水事业

特殊的地形地貌和季风气候，决定了我国是一个水旱灾害频发的国度，因此，治水始终是治国安邦的大事。过去的研究认为，我国大规模的、有组织的治水活动从4000年前开始。而对良渚古城水利系统的发掘，使水利文明的历史又向前推进了1000年。可以说，中华民族在几千年除水害、兴水利方面，积累了极为丰富的经验。一部中华文明史就是中华民族与洪涝、干旱做斗争而不断前进的历史。治水活动创造了中华民族的物质文明，更创造了中华民族的精神文明，在中华民族集体人格的塑造中发挥了重要作用。

人们在用水、治水、管水、护水的过程中，认识水、思考水、欣赏水、赞美水，形成了许多宝贵的文化。认真挖掘、整理和传播水文化，一是可以汲取前人的智慧、传承水利精神，服务于当今的治水实践；二是可以帮助了解治水理念，让生活在今天的我们，学习古人对自然敬畏的态度，学习他们如何在有限的条件下，通过智慧和努力，与自然和谐共处；三是可以大大提高水利工作者的人文素养，增强其文化底蕴和文化内涵。这些都能对当今的水利事业发展起到积极的推动作用。

（三）有助于促进社会可持续发展

人水和谐是源远流长的中华水文化的精髓，开展水文化教育是在培养人水和谐的思想理念，促进水资源的可持续利用。水文化教育传播，一是传播历代治水人物先进的治水思想，二是继承和发扬古代水利工程发挥的治水、用水理念。当前社会水资源短缺、水土流失、生态环境恶化，已影响经济社会的可持续发展，甚至影响人类社会可持续发展。在社会发展的多元架构中，注重和遵循自然规律是人类社会生存和发展的基础，通过水文化教育，培养全社会亲水、爱水、惜水、节水的用水意识，把人水和谐的理念融入水文化建设之中，形成人人"安全用水、节约用水、生态用水、文明用水"的良好氛围，促进资源节约型、环境友好型社会建设。

（四）有利于传承传播中华文化

除了以上的现实功用或者说是时代价值以外，我们还应该从更高的层面认识水文化传播的意义，即承担起传承传播中华文化、繁荣发展中华文化的使命。中华民族伟大复兴需要以中华文化繁荣兴盛为条件。习近平总书记强调，"文化是民族生存和发展的重要力量"，并指出"没有中华文化繁荣兴盛，就没有中华民族伟大复兴。"习近平文化思想为做好新时代新征程文化工作、担负起新的文化使用提供了强大思想武器和科学行动指南。

水不仅是生命之源，还是文化之源。我们的祖先从森林中走出，在荒莽草泽中四处奔波，最终在江河岸边停下脚步。所谓"择水而居"或者说是"傍水而居"。水使人们得到充足的食物和"舟楫之利"，帮助我们走上发展的道路。

因此，从某种意义上讲，传播水文化就是在传承、传播中华文化——水文化是中华文化的组成部分，水文化是我们关注中华文化的视角，水是我们传承中华文明的平台。

三、水文化传播的载体

（一）物质水文化载体

水文化的物质载体是水文化的物质形式，是人们水观念、水意识的外在表现，是精神水文化的物质载体，直接彰显、涵育和外化着水文化。它属于硬环境，是一种以物质形态为主要研究对象的水文化，它主要通过水利工程、水环境和水景观来体现。水环境只有突出文化品位才能满足人们的精神文化生活需要；水景观只有注入文化内涵，才能展示水的个性与魅力；水工程只有发挥审美效应，才能更生动、更和谐、更富有活力，河流只有健康地存在，才能积极地启示、影响和塑造人类的精神生活。另外，以水为主题的各种场馆（如水利博物馆）、以水为主题的展览馆等，都是水文化得以表现和传播的物质载体。对于增强社会公众对水的认识、感受水的情怀等具有"潜移默化、润物无声"的隐性作用。

（二）制度水文化载体

制度水文化以各种与水有关的规章制度、管理制度为存在形式，旨在调控不同主体之间的社会关系，用来维护水利行业秩序而制定、执行的文化体系，是从制度上进一步彰显精神水文化。大众传媒的制度水文化载体是根据水文化传播的规律和经验，按照水文化传播的需要和目标，将水利行业所倡导和信守的价值理念、思想品德制度化和规范化，以制度为载体呈现和保障精神水文化，表现为行业行为准则、岗位工作守则等各种规章制度，以及为推行各项制度所做的各种宣传倡导活动等。

（三）精神水文化载体

精神水文化是在长期治水过程中，以继承社会优良治水传统、治水思想、治水观念而形成的，并被社会公众所认同的一种健康向上的群体意识，它统一于水利行业的价值观，是水文化的重要表现形式，常被称作"软文化""文化软件"等，是文化的精髓和灵魂。精神水文化载体是为达到文化传播的目的，将水文化内容和信息融入精神水文化中，使之成为携带水文化信息的载体。也就是说，那些携带或包含水文化信息和内容的精神水文化就被称作精神水文化载体，主要是指人们对水的价值与作用的认识、情感、审美等。主要通过水文化理论的研究、水专业（包括高等院校水工、水文等专业）课程的学习；中小学生以爱水、亲水、节水为主题的教学课；社会上举办的各种爱水、亲水、节水、赏水、游水的活动；大众传媒（包括图书出版、报纸、广播、电视、网络、广告等）对人们有关水的生产生活方式的报道和宣传。

（四）行为水文化载体

"行为水文化是人的观念与思想的外在反映，是精神水文化在人身上的具体表现。"行为在日常生活中表现出来的，由一系列简单动作构成的一切动作的统称。行为本身就是文化的反映，因为任何人的行为都是在一定社会历史条件下，在认识、情感、意志、信念的支配下产生的。行为水文化是水文化最活跃、最生动、最直接的动态体现，是在日常工作、学习、生活等活动中折射出来的精神理念、行为操守和文化氛围。所以，行为水文化载体就是人们在日常活动中表现出来的那些能传递、承载文化传播信息的行为方式和行为习惯，表现为个人或者集体的行为素养、行为模式、人际关系等。

在实际的水文化传媒实践中，不同载体之间是相互联系、相互渗透、相互补充的交叉性关系。各种类型的载体都各有利弊，只有根据不同载体的运用时机、场合和适用群体，综合运用、相互配合，才能取得理想的传播效果。

明确不同文化载体在水文化传播中的地位。在水文化传播过程中，精神水文化载体处于核心地位，发挥着主导性的旗帜作用，新时代水利精神以纲领性的行业价值定位，对水利行业主体的思想和行为进行规范、要求和引导。物质水文化载体由于在文化传媒中的时间、空间固化和具体的可感知性而占据着基础地位。制度水文化载体是水文化传播工作有序进行的外在保障和基本约束，完善水利管理制度体系建设对承载价值选择取向、促进公众全面发展，最终实现社会发展目标起到了重要保障作用。行为水文化载体是水文化传播效果的展现依托和检验标准，日常生活中的社会群体，其举止行为体现了水文化传媒外化于行的效果。文化宣传、文体活动、思想宣传、科普讲座等社会性文化活动是进行水文化传播的重要平台和机会。在水文化传媒体系中，网络文化载体是延伸，随着信息时代的到来，其在当今社会群体教育和生活中占据着越发重要的地位，发挥着更为重要的作用。

关注不同水文化传媒载体的优势与不足，扬长避短，有选择性使用。在水文化传媒载体的选择和应用过程中，要结合设定目标，根据具体的客观环境和条件，扬长避短地选用水文化传媒载体，以最小的成本获取最大的效益。要发挥物质水文化的感染力、冲击力和影响力，避免对硬件设施的高成本投入；要关注制度水文化传媒载体的强制性和普遍性，但要注意制度约束的外力过强而引起反感，最终影响水文化内化吸收；要强调行为水文化传媒载体的细节性和务实性、影响力和延展性，避免不合时宜的使用造成水文化传媒和领会的信息失真。网络传播载体便捷、迅速、高效率的长处值得利用,但其难以辨别、易于混淆和难以控制的劣势必须遏制。

综合运用多元化的水文化传媒载体,发挥不同载体的协同力。水文化的演进需要的是理念的认同和精神的传承,而水文化的认同和传承需要一种宣传媒介在人群的横向与纵向之间来进行联络和沟通。作为载体的水文化在实践中不能由于分类视角的局限而顾此失彼。因此,要更新传统观念,改正社会碎片化的水文化传媒发展局面,调整和规范水文化传播方式,坚持以人为本的基本理念,统筹谋划,充分调动各方主体力量,运用各种传播媒介资源,完善广播、电视、报刊、网络等多元化、多种传播媒介的协作共赢机制,增强水文化传播的实效,多方联动,形成上下互通、齐抓共管的大宣传工作格局,真正实现水文化传播的现代化、整体化和协同化。

四、水文化传播的媒介

广义的传播媒介是指实现人类信息传递的所有中介物。我们课程中所指的是狭义的概念,即指定向社会大众传递众多新闻和信息的各类手段与工具。水文化传播的媒介主要包括言语媒介、文字媒介、印刷媒介、电子媒介和网络媒介以及手机媒介。

(一)言语媒介

言语媒介也称语言媒介,主要指个人在人际传播中使用的各种信息传递方式。它是面对面人际传播的主要信息载体,是人类信息、情感交流、实现交际目标的最基本工具。

(二)印刷媒介

印刷媒介就是印刷类传播媒介,它是借助大量复制,快速显现的印刷技术而进行的图形和文字传播手段,它可以用于小团体范围和人际传播,但主要属于依赖大规模印刷技术的大众传播手段。它是以文字、图片形式将信息印刷在纸张上所进行的传播。例如报纸、杂志、书籍、传单等。

(三)电子媒介

电子传播媒介是需要运用专门的电子接收和发送设备来传播信息的传播媒介。它以电波的形式传播声音、文字、图像,运用专门的电器设备来发送和接收信息。电子媒介主要有广播、电视、电影、录音、录像、幻灯、多媒体电脑和网络。在这些媒介中,既有人际传播使用的录音、录像,也有小群体传播使用的影像和幻灯等。更有大众传播使用的广播、电影、电视。网络是一种特殊的媒体,既适合于人际、又适合群体,更适合大众。

(四)其他传播媒介

在水文化传播中,除了使用语言媒介、印刷媒介、电子媒介,还要用到一些其他的媒介形式,事实上这些媒介和以上三种媒介都有密切的联系,甚至可以属于这三种媒介的组成部分,包括小众化媒介、个人传播工具、公关宣传品、图像标识、人体活动媒介、实物媒体等。

传播媒介是水文化信息传播的载体。充分利用报刊、广播影视、网络等大众传媒资源,注重宣传的针对性、广泛性、多样性,使先进的水文化进城市、进农村、进学校、进企业、进社区。充分利用"世界水日""中国水周",组织开展群众性水文化活动,深化群众对水的认识,逐步建立水文化传播的意识,积极参与国际活动,不断增强中国水文化的国际影响力。

五、水文化传播现状与存在的问题

近年来,水文化传播取得一定发展,主要表现在通过创办水文化网站和刊物,出版《中华江河水文化》《汉水文化研究集刊》《浙江水文化》《水之意蕴傣族水文化研究》等一系列具有流域特色的研究刊物;利用世界水日、中国水周等时间节点开展水文化宣传活动,传播水文化理念,节水、惜水和水资源保护意识,基本形成了一支分布在各地、各领域的水文化研究队伍,水利行业精神在水利实践中得到彰显,弘扬水文化受到社会各界的关注,全社会的水危机意识、水忧患意识、水环境保护意识、水资源节约意识不断增强。但面对水生态文明建设、建设资源节约型和环境友好型社会的新形势,更需要加强水文化向社会的辐射,引导社会建立人水和谐的生产生活方式。目前,水文化传播还有很大的开拓空间,在传播者、传播内容、传播媒介、传播对象和传播效果方面还存在一些问题。

(一)水文化传播机构不健全

传播者是传播的基点,也是传播的主角。水文化传播者是水文化传播行为的引发者,也是水文化传播信息的发射源,即发出水文化信息并作用于他人的个人、群体或组织。水文化传播者主要是政府、水利行业管理部门、政府建立的专门研究机构等。长期以来,我国水利工程建设存在重建设轻文化的现象,文化与水利建设结合不紧密、水工程景观文化内涵缺失、水文化产业发展滞后、水利工作者参与水文化研究的热情不高。水文化传播者必须提高认识,高度重视,建立健全传播机制,在水利改革发展过程中融入水文化,进一步加强水文化传播。

(二)水文化传播内容匮乏

一方面,水文化涉及面极为广泛,但由于水文化研究还处在"初级阶段",水文化传播内容挖掘深度不够,因而所出的文化产品内容单一,缺乏满足人民群众需要的文化研究成果,使得水文化传播的内容经常处于"弹药不足"的尴尬局面。以治水文化的传播为例,我国治水历史十分悠久,波澜壮阔的治水实践是一座取之不尽、用之不竭的"富矿",但讴歌和表现重大治水事件和英雄人物的作品少之又少。另一方面,水文化传播的内容没有紧跟时代脉络,缺乏生动感和时代感。在进行水文化传播的实际过程中,主要是以古代水文化为主,很少现代水文化,并且主要以宣传标语、水知识资料发放、水文化展览、水知识讲座、水工程参观、水生态考察、水知识竞赛等形式展开,尤其是一些水文化讲座常常因其内容枯燥而达不到预期的效果。

(三)水文化传播渠道与载体单一

目前,水文化传播还没有形成水文化传播立体多元、互相配合、功能互补的传播网络,一定程度上还局限于水利行业的狭小圈子,传播渠道单一。水文化研究作品的传播主要依托水利行业报刊、网站;水文化宣传主要通过举办培训班、论坛(研讨会)等形式。通过大众传播媒介开展水文化传播较少,如除水利行业专业报刊、网站外,其他综合性报刊、官方网站传播水文化的研究内容鲜有所见,通过水工程与水环境的文化内涵开展水文化传播偏少。

目前,我国水文化传播活动的载体也比较单一。活动载体主要包括在水利行业内部开展各种各样的文化教育活动,如知识竞赛、专业培训以及各种争创先进和创建文明的活动等;在学术界开展重大水利问题的水利研究、水文化研究、水利科学技术讲座等等。由此可见，当前水文化传播载体仅局限于水利行业的内部，仅局限于理论研究。水文化传播的受众面窄、互动反馈机制不健全。水文化传播的对象是全社会公众，但目前水文化传播的受众大多为水利行业内职工，面向水利行业外的水文化传播活动偏少，甚至部分地方水利行业的职工接触、感受水文化的机会也不多。水文化涉及面极为广泛，在开展水文化传播活动时不能仅停留在水利行业的内部，要丰富水文化传播的载体，还需在社会其他行业展开宣传，如建筑行业、旅游行业、卫生行业等许多行业都应把水文化传播问题列入考虑范围内，把水文化的深厚内涵融入各自所在的行业，并赋予其新的见解去指导各行业从事生产、生活和经营活动。

（四）水文化传播效果不理想

水文化传播是促进水文化价值实现的重要途径，由于水文化传播机构不健全、传播内容不足、传播渠道单一，对水文化传播受众分析不足，传播过程中传播者与受众之间的互动不够，现阶段的水文化传播效果不理想。无论是广义，还是狭义水文化，社会大众对水文化的理解仅仅停留在水资源利用层面，认为水文化传播是水利相关部门的事情，并未把水生态和个人切身利益联系起来，这种思想观念导致人们对水文化的重视程度不够，水文化精神未能深入人心，未能同生态环境改善、社会文明进步和提高人类生存质量相联系。这是因为没有充分考虑到水文化传播内容与现代人们的喜好、兴趣的结合，也未能反映新的形势要求。水文化传播的内容应该既体现现代科技进步，又反映现代人与水的关系，满足现代人对水文化的基本需求。

六、提升水文化传播效果的策略

（一）完善水文化传播机构、增强传播意识

国家和政府应当增强水文化传播意识，承担传播水文化的职责，设立专门机构承担水文化的建设和传播工作。政府或政府建立的专门传播机构作为传播者，作为传播活动的发起者，能增强传播内容信源的可信度，组织水文化研究专家和学者积极开展水文化研究，引导社会各界积极开展水文化传播。

随着文化意识的增强，水利行业重建设、轻文化的现象正在逐步转变，水文化建设和传播受到高度重视。2011年，水利部《水文化建设规划纲要》的出台加强了水文化建设与传播的顶层设计，为水文化建设指明了方向。随后，根据水利部部署要求，各省份也纷纷出台了针对本省的水文化建设规划。部分省份积极开展水文化研究，取得了阶段性成果。如浙江水文化通过多年的建设，一批关于浙江省水文化研究的成果陆续出现，水文化的宣传教育工作渐显成效，通过多种途径广泛向社会公众传播了"钱塘江水文化""西湖文化""江南水文化"等地域特色文化；陕西省注重传承秦水文化、弘扬遗址精神、宣传陕西水利；福建省通过举办水文化节，宣传水文化研究成果，提高全社会对福建水利的关注度和支持度。因此，各级水利行政管理部门要提高对加强文化传播重要意义的认识，明确水文化建设与传播工作的主管部门，充实人员力量，采取积极有效措施，切实推动我国水文化传播、繁荣和发展。

（二）丰富水文化传播内容

中华水文化博大精深，应该组织水文化研究专家、学者积极开展水文化研究，创造出满足人民群众需要的多种形式的水文化传播内容。在水文化研究过程中，要不断丰富可持

续发展治水思路的文化内涵，加强水文化遗产保护和研究，把文化元素融入水利规划和工程设计中，提升水利工程的文化内涵和文化品位，把水利风景区建设作为提升水工程及其水环境的文化内涵和品位的示范工程，打造工程品牌，使水利的经典工程成为文化名片。

此外，要加强组织领导、人才培养，加大资金投入力度，组织行业内外水文化研究专家和学者，深入水利行业一线，创作一批具有强烈时代精神、鲜明水利特色，反映水利人思想风貌、诠释水利行业精神、展现治水伟业的人民群众喜闻乐见歌曲、影视剧、文学作品等艺术精品。

（三）拓展水文化传播媒介与传播渠道

当今以数字化、网络化为代表的信息技术推动了传播方式的巨大变化。因此，水文化的传播除了运用传统的报纸、刊物、图书的同时，应该更加重视互联网的作用，发挥覆盖广泛、快捷高效、影响巨大的优势，拓展水文化的传播渠道、丰富水文化的传播手段，提高水文化的传播效率，扩大水文化的影响。为把我国从文化大国变为文化强国贡献力量。从实践上讲，可以从以下几个方面拓宽水文化传播的渠道。

1. 新闻出版

通过新闻出版传播水文化的研究成果。水利要繁荣发展，需要文化元素的注入与催化，大力加强水文化建设，是实现水利事业科学发展、推进传统水利向现代水利转变的迫切需要，同时也是精神文明建设的重要组成部分。水利部与各地市创刊的水文化刊物将为广大水利工作者和关心水文化的社会各界提供一个探讨、研究、互动的窗口平台，对弘扬水文化，推动水利事业发展具有深刻的现实意义。要充分利用《中国水利报》《中国水利》《中国三峡》《水与中国》《水利发展研究》《东西南北水文化》《人民长江报》《人民黄河报》等新闻出版媒介大力传播水文化。为广大水利工作者和关心水文化的社会各界提供一个探讨、研究、互动的窗口和平台，对弘扬水文化，推动水利事业发展具有深远意义。

2. 研讨会、论坛等活动

举办研讨会、论坛等活动也是传播水文化的重要渠道。将全国水文化研究领域重要影响力的专家和精英聚集起来，交流观点，互相启发，群策群力，扩大论坛组织的影响，起到宣传的作用，促进水文化传播。这不仅在水利行业，而且在社会上都产生了良好影响。它对于制定水文化政策、研究方向、方法措施都有重要作用。

3. 水文化节专题活动

学校作为水情教育的主阵地，承担着宣传水形势、传承水文化的重要使命。如组织学生参观水利博物馆，了解中华民族悠久的水利史和灿烂的水文化；主办以水为主题的摄影作品大赛，使学生在青山绿水的风景中感受水的魅力；组织大学生暑期社会实践团队开展以水为主题的活动，弘扬水文化；开展系列惜水爱水护水社会实践活动，采用知识与艺术相结合的方式，既陶冶情操，又增强水利意识，使广大学生深切体会水文化的内涵和意义，通过丰富多彩的校园文化活动和社会实践活动，营造良好的校园水文化氛围，使广大学生深切体会水文化的内涵和意义，增强节水爱水护水意识。

4. 水文化主题广场

建设水文化广场，打造水文化长廊，彰显水文化的魅力与胜景。如都江堰水文化广场、浙江绍兴护城河文化广场、天津海河文化广场、渭河水文化长廊、南京秦淮河风光带、贡水文化长廊、泰安市天平湖公园水文化长廊、江苏泰州市区水环境建设等都融入了丰富的水文化内涵，大大提高了水利工程的文化品位，成为传承水文化的重要载体。

5. 高科技载体

让高科技成为传播"水文化"的重要载体。2005年，王荣华创办了中国水文化网站。2007年，由中国水利职工思想政治工作研究会创办了中国水文化网。为满足广大水利新闻宣传工作者的需求，畅通水利宣传与水文化传播信息渠道，及时传达中央和水利部有关水利新闻宣传及水文化建设的信息与要求，加强各地水利新闻宣传和水文化传播工作交流，传递水利新闻宣传新理念、新知识，展示水利宣传工作者的精神风貌，沟通工作感悟提供了平台，由水利部新闻宣传中心主办的水利宣传与水文化网于2012年11月1日正式开通，还有中国水网和各地的网站中都有水文化的栏目。要把"水文化"的丰富资源与5G、VR/AR、大数据等现代信息技术结合起来，充分利用网上即时通信群组、对话链、虚拟社区、博客、播客、搜索引擎、短信、电子邮件等互动平台的功能优势，使高科技成为传播"水文化"的重要载体。

6. 主题博物馆

水利博物馆、水文化博物馆成为传播水文化的重要阵地。为了宣传人民群众治水的历史功绩和伟大成就，弘扬水利精神，传承水利文化，普及水利知识，促进水利事业可持续发展，全国各地建设了一批水利博物馆、水文化博物馆。如中国水利博物馆、黄河水利博物馆、京杭运河博物馆、扬州水文化博物馆、上海黄浦江水文化博物馆、长江水文化生态博物馆、滨州水文化馆等，将水利博物馆、水文化博物馆建设成"全国青少年爱国主义教育基地""全国节水示范基地""大中专院校教学实习基地""环境保护示范基地"等产业发展示范基地。

7. 水利风景区

水利风景区是展示现代水利、民生水利和水生态文明建设成就的重要窗口，水利风景区在维护工程安全、涵养水源、保护生态、弘扬水文化、改善人居环境、拉动区域经济发展，建设美丽幸福河湖诸方面都发挥着重要作用，实现了生态环境效益、经济效益和社会效益的有机统一，增强人民群众的获得感、幸福感、安全感。"以开发促保护，以保护促发展"的水利风景区建设与发展理念，越来越被社会认可。

8. 文化创意产业

借助文化创意产业传播水文化。在传媒信息产业如此发达的今天，水文化的传播可以融入影视业、出版业、游戏业、动漫业、文化会展业、信息业等多个行业，充分发挥文化行业的特殊优势进行宣传，同时可以将资源纳入水文化产业链中，使其在与旅游、环境、信息、艺术等的交融中产生边际效应，维持自身和相关产业的可持续发展，并在其中获得经济价值的实现。当然文化的产业化，特别是对于水文化的产业化来说，产业化本身并不是目的，而是通过产业化这种方式，加大水文化自身的传播，使之发挥更大的效应。

（四）建立反馈机制，跟踪反馈传播效果

开展水文化宣传和传播，归根到底是体现"以人为本"的理念。研究接受对象，了解接受对象，注重与受众沟通，构建有效传播渠道，建立反馈机制。因此，要深入研究受众的心理特点，接受习惯和兴趣需求，运用他们感兴趣、易接受的方式，增强水文化传播的吸引力和影响力。在水文化传播过程中，利用受众的选择性注意和选择性接收心理，创造接近受众兴趣和满足受众需求的传播内容，利用受众乐于接受的传播载体。同时要充分利用受众的好奇心理吸引其接触水文化、参与水文化传播。此外，要注重建立反馈机制，通过和受众之间的互动和反馈，分析了解受众观念及行为的变化，从而进一步利于传播者了解水文化传播的效果。

  总之，古老而悠久的水文化，是我国人民劳动和智慧的结晶，是历史上人类对水的讴歌和赞美，是人水和谐、人水相亲的记载和见证，因此，把优秀的水文化传播好，应用于当今时代，可以鼓舞人、督促人、教育人，对于历史文化遗产的保护，人们爱水、护水、节水意识的培育，人水和谐思想具有极大的现实意义和深远的历史意义。

第七章

中外水文化的比较

近年来，水文化逐渐成为一个备受国际社会广泛关注的学科领域。在国内，水文化也逐渐成为一个重要议题，水文化是人类文明的重要基石，也是人类文明的主要构成，在人类自古以来利用水、管理水，治理水的过程中就已经存在，同时水文化也是人类进一步利用、治理、管理水的重要基础，是人和水之间不可缺少的纽带，具有非常重要的历史价值和现实意义。

第一节 国外水文化的概况

一、水文化的理念

人类在利用水、治理水和管理水的过程中必然形成与之相关的文化，与此同时，人们利用水、管理水和治理水总是从不同的文化立场（即不同文化中对与水相关的观念、制度、社会关系、宗教、经济状况等的理解）出发，二者共同构成了学术界所定义的"水文化"。文化多样性的存在使得不同地域、民族、国家的人们都会站在自己的文化立场上去看待水、治理水和管理水，因而使得水文化也呈现出了多样性。

自古以来，人类社会对待水都有一定的文化因素，这是水文化重要的核心理念，这种理念可以通过联合国教科文组织所传达的有关信息反映出来。2006 年世界水日的主题是"水与文化"。联合国教科文组织在其发布的世界水日主题宣言中这样说道："全世界有多少种文化传统，就有多少种看待、使用、赞颂水的方式。从神圣的角度讲，水处于众多宗教的核心，并被用于不同的典礼与祭祀中。水具有强大的魅力，在不同国家都被用于音乐、绘画、文学、电影等艺术形式的表现，同时它也是很多科学探索的基础要素。世界上每一个地区都有一种崇敬水的途径，但其共同点都是认可它的价值及其在人类生活中的核心地位。文化传统、本土实践及社会价值决定了世界上不同地区的人们如何理解与管理水。""不同地区、国家的人们总是基于他们对水的相关价值、宗教、习俗、政治、经济的理解去认识和管理水，这就是一种水管理的文化基础。"联合国教科文组织总干事松浦晃一郎也指出："管理水就是尽可能地将技术文化化，反映出人及社区如何将自己与自然联系起来。"这些论述精辟地概括了人类社会中对待水的基础和出发点，那就是植根于不同社会中的文化。

上述这些信息代表了国际社会中关于水和文化关系的认识，基于这些认识，人们在制定水政策、利用水资源、治理水环境、建设水工程等过程中都会尊重已存在的水文化，或将已有的水文化运用到水管理的过程中，建立一条人与水之间牢固而多姿多彩的纽带。没有水文化的人类社会、水利建设工程、水环境治理和水资源管理过程都是不完美的、不可能持续的。由于人类对水文化的深刻认识，在当代水管理和水政策的制定过程中都非常尊重水文化。在制定水政策、进行水管理、建设水工程的过程中，将一个地区或民族的水文化融入其中已成为一个非常鲜明的特色。水文化往往也因此在国外带有了明显的政治色彩，成为人们维护自己水资源管理权力的一个重要因素，水文化权、水文化政策等概念和实践活动也由此而诞生。

二、水文化与人类社会

人类在利用水资源、改造水环境的过程中，产生了一系列与水相关的文化。一方面，水的利用对人类社会的发展产生了深刻影响，促进了人类相关文化现象的产生和发展，包括人类利用水资源和改造水环境的技术、人类生活方式因水的使用而发生的变化和形成的新的社会关系、管理水的制度和社会规范等；另一方面，人类也按照自己的文化观念和社会规范来看待和管理水。因此理解水文化要从以下方面进行论述。

首先，人类对水持有不同的观念与认识，对水的不同认识反映了人类水文化的多样性。世界不同民族对水的认识具有同一性，都认为水是人类的基本生存资源，同时还把水放在各自文化的核心地位，这可以从一些宗教现象中反映出来。基督教、佛教、伊斯兰教等宗教都把水作为一种神圣物质。在基督教中，水是一种圣洁之物，入教者的洗礼要在水中完成；在佛教中，水是一种超自然的介质，很多重要的宗教仪式要通过滴水来完成人佛之间的沟通。在南传佛教（又称上座部佛教）中，每当一个宗教仪式结束时，人们就要通过滴水来完成与佛的沟通，如果没有滴水仪式，那么人们所举行的各种仪式就没让佛知晓。信仰南传佛教的缅甸、泰国、老挝、斯里兰卡等国的信徒每年都要在一个特定的时期在河流中放水灯，以此消灾祈福。信仰印度教的人们将恒河水视为神圣物质，每年都要到恒河中沐浴，每年到河中沐浴时节，成千上万信徒都会汇集到恒河边沐浴，洗去生活中的不如意，获得福气，而人死后，也要在恒河边进行火葬或水葬。此外，在世界各民族中普遍都有水神灵的传说或信仰以及相关祭祀活动。这种将水作为一种神圣之物是人类社会中普遍的现象，有其特殊的意义和价值。

其次，水的使用对人类社会产生了重大影响。由于水的使用，人类社会很多文化现象因此而产生，在世界不同地区和民族中，都发展出了关于使用和管理水的技术，而技术的进步是人类社会发展的重要标志。例如古希腊是人类水技术发展较早的地区之一。史前古希腊米诺斯文明时期（公元前约3200—前1100年）就已发展出了相关的水技术，这些水技术主要出现在宫殿中，包括引水沟渠、雨水收集系统、管网系统（位于克诺索斯宫殿地板下，由陶土制作而成）、废水和雨水下水道系统（比如在克诺索斯，扎克罗斯和菲斯通盘宫殿里发现的相关系统）以及卫生用水系统（如厕所、浴室冲洗系统），这些技术都与随后水利技术的发展直接相关。再如，在中东和非洲北部的干旱和半干旱地区，人们发展起了坎儿井技术，通过修建地下引水渠将水从山脚引到生活区进行农业灌溉、绿洲维护和日常生活使用。坎儿井因为设计精巧、建造技术要求高、引水效率高而成为人类利用水的奇迹，目前世界上还存留有3.7万条坎儿井。对水的使用也改变了人们的生活方式，促进了人类生活品质的提高和新生活方式的形成。一方面是冲水厕所的产生。在古希腊和古罗马，水的使用使人们在城市中建造了冲水厕所，从而提高了卫生水平，减少了疾病传播。古希腊是世界上较早使用冲水厕所的地区之一，古罗马在公元1世纪后由于引水渠的修建使得厕所在城市中出现。另一方面是沐浴场所的出现。在古希腊和古罗马都修建了供市民使用的公共沐浴场所，沐浴从此成为一种重要的城市文化。沐浴在提高人类卫生水平的同时，其沐浴场所也成了一种公共社交场所，沐浴由此成为人们的公共社交方式和新的生活方式。罗马帝国统治时期，沐浴文化在其统治区内扩散开来，成为罗马帝国的一种文化象征。到了土耳其奥斯曼帝国时期，沐浴文化达到了高峰。在今天的伊斯坦布尔，依然可以看到大量历史时期修建的公共沐浴场所。沐浴成为当时人们生活中不可缺少的一种生活方式，沐浴文化也由此产生和发展。由此可见，水的使用带来了人类文化的变化，尤其是生活方式和社会文化的变化，成为人类社会发展的一种动力。

再次，不同地区、不同民族在使用水的过程中所形成的生活方式是不同的。水与人类的生活密不可分，人类在使用水的过程中也形成了自己与水的特殊氛围，形成了特殊的生活方式和文化内容，这一点在人类社会中也有丰富多彩的反映。不同民族都有各自不同的与水相关的生活方式。在泰国、缅甸、老挝等国，每到新年（即泼水节），水便成为新年中最重要的因素，浴佛、泼水狂欢、互相泼水表达祝福，众多社会生活都围绕着水而展开。日本是一个多火山的海岛国家，温泉数量众多。在当地民族的社会生活中，温泉成为人们生活中的重要内容，并形成了丰富多彩的温泉文化。在日本，不仅沐浴方式多种多样，而温泉建设也各具特点：或室内，独享清净；或室外，与自然融为一体。温泉沐浴融入了环境、艺术、人类生活与健康观念、社会关系等要素，早已成为了一种典型的水文化。在阿曼苏丹国的农村中，水的使用则反映了人们社会生活中的文化规则。水经过水渠进入村子之后的使用顺序是：首先修筑一个水池让村民取饮用水，然后水流进入清真寺，在清真寺中被分为两个流向，一条被引入男人净身的地方，另外一条被引导妇女净身的地方，水由清真寺流出后再被用来洗涤，随后流入农田或果园中作为灌溉用水，而用不了的水则排入河道。这种用水方式不仅反映了当地的水文化，同时也形成了相应的社会生活规则。总之，世界各地因为水的使用形成了丰富多彩的人类生活文化。

三、水文化的运用
（一）水文化遗产的继承

注重对历史文化遗产的继承和发扬是现代国家的鲜明特点，对水文化的尊重与认识往往都反映在对历史文化遗产的态度和继承之上。因此，在很多国家人们都很看重其社会生活中所存在的制度层面和行为层面的水文化，并对其加以继承和发扬，尊重水文化在水管理过程中的作用，重视水文化的物质层面建设，使大量水利工程不仅发挥水利功能，同时也发挥重要的文化功能，成为当代重要的文化遗产。

泰国清迈曼堤河的水祭祀就是一个很好的例证。曼堤河流经多个县，是当地数十万民众的母亲河，人们认为该河流中的河神是保佑当地民众生计的神灵，因此人们每年都要在这条河流的水源地进行隆重的祭祀活动。每年祭祀活动都有数万人参加，不仅当地老百姓会积极参与，而且当地各级政府官员、学校师生也都要参加。今天的河神祭祀活动除了是对传统的尊重，当地政府更希望通过该活动来加强人们水环境保护的意识和行为。这样的河流祭祀活动在越南也存在，红河河神祭祀活动也是当地最隆重的民间活动之一。这些活动都反映了民间对水文化传统的重视、继承与发扬。

物质层面的水文化遗产最容易为人们所见，也被保护得较好，这在欧洲国家表现得最典型。在欧洲，从农村到城市，随处可见各种各样的古代水建筑物，包括饮水设施、城市排水建筑、喷泉等景观建筑等。今天这些古代水利设施很多都得以完好地保存，甚至还在使用中，例如在前面提及的罗马城，今天还存在并使用的3000余个喷泉中大多数都是古代杰作。对水文化遗产的继承反映了人们对水文化的重视，同时水文化遗产和今天的运用往往也结合得很好，大量的水利工程建筑物在今天仍然是人们生活中不可缺少的部分，尤其是作为一种文化存在，在这些历史遗产上进行升级改造也很多见。

（二）水文化和水利工程建设

从很多国家成功的水利工程建设来看，在水利工程中融入更多的文化因素不仅使这个水利工程具有视觉艺术效果，而且使其建设过程更顺利高效。一个水利工程不是一个解决单一水问题的工程，而是一个与当地社会、文化关系密切的整体工程，是一个融入当地社会、对当地社会产生深远影响的工程，大型水利工程更是如此，它不仅解决当地人的用水问题，也可能影响到当地民众生活品质的提高、社会的进步，甚至文明的发展。水利工程建设中的水文化，体现在水利工程建设不仅被作为一个土木工程项目，更体现了治水的思想和艺术，体现了这一工程与当地社会文化需求之间的关系，体现了一个地方的长期发展利益。

将文化融入水利工程也表现在水利工程能够体现出对环境的关爱和保护。在水利工程建设中更多地体现环境保护的理念是当代水利工程建设的重要文化内涵，包括考虑到水利工程相关地区的文化多样性、保护当地的生物生存环境、使水利工程与当地环境相协调等各方面。日本在这方面就做得比较成功，在当地的很多河流治理案例中都考虑到鱼类回游的自然需求，体现出了对生态环境的关爱。

通过文化的手段保护水资源和水利工程成果，也是当代水文化的重要发展趋势。目前的很多重要水利工程都是通过文化手段来加以保护的，如世界上很多水利工程都被列为不同的文化遗产名录，这种通过文化手段而实行的制度化保护的效果更佳。这种方式使得水利工程更具有文化内涵，不仅有利于水利工程的保护，以使其价值得以长久发挥，也能够让百姓从中体验到水文化的丰富多彩性。

（三）水文化的公众教育

对公众开展水的相关知识教育，让公众拥有对水的深刻认识，自觉形成爱护水资源、保护水环境的行为并加以实践，是当代水文化建设的重要方面，在国内外都备受关注。在国外，水的公众教育分为不同层次，包括最基层的民间组织的教育活动、政府部门的教育宣传活动以及专家学者的学术交流和演讲活动等。宣传教育的方式也是多种多样的，包括公益宣传、博物馆展览、学术研讨、民间组织活动等不同方面。国外每年都有很多涉及水文化研究的相关国际会议的召开，这期间大量的公众水文化教育宣传活动使得水文化教育更加深入人心。例如日本大阪市每年都会举办"大阪水周"，在这个以"水城大阪"为主题的活动周中，活动主办者会以丰富多彩的形式向市民展示大阪市水的历史、水资源的现状、科学使用水的知识，同时也介绍全球水资源的状况、水和人类历史文明发展的关系等。活动的内容包括国际会议、专家学者的公开演讲、摄影图片展、宣传册分发、青少年水主题绘画比赛等。通过这一系列活动,在活动周中营造起浓郁的水知识和水保护氛围。

水文化的研究和建设,其最终目的是使其在水资源可持续利用过程中发挥作用。通过推动水文化应用,丰富人类对水的科学认识、建立人水和谐关系、保护水资源和水环境,是国内外研究者的共同夙愿。

第二节 中西水文化的差异

中西水文化既有相通之处,也有因为文化背景和地理条件等因素的不同形成了许多不同的差异,主要表现在以下几方面。

一、大河文明与海洋文明的差异

中国的水文化以大河文明为主要特征,西方的水文化以海洋文明为主要特征。这两种文明的不同之处在于:文化元素的单一化与多元化、边界约束的相对固定与相对模糊,这种差异对社会形态、民族性格、建筑风格、思维方式、文学艺术均产生了深远影响。

大河文明文化元素的单一化主要表现是,由于大河两岸的边界的约束,塑造了大河文明的特质:内向、含蓄、内敛、谦和、隐忍,做事不张扬;不喜欢远征,不喜欢失控,不喜欢走极端。河流局部失稳,如裁弯取直、改道等并不能改变边界约束的相对稳定的特性。大河文明的这种单一化特质,深刻地影响了其社会结构和文化传统。由于河流的滋养,农业成为大河文明的经济基础,人们围绕着河流定居,形成了稳定而有序的农耕社会。这种社会结构使得社会分工明确,等级制度森严,人们遵循着传统的规范和习俗,注重集体利益高于个人利益。正是这种内向、含蓄的文化底蕴,使得大河文明能够在漫长的历史进程中保持其独特性,为后世留下了丰富的文化遗产和历史经验。

海洋文明文化元素的多元化主要表现是,由于海洋的边界约束相对模糊,塑造了海洋文明的特质:多元、开放、包容,一望无际的海洋极易激发出人类的冒险精神、征服精神、开拓精神。商业性经济和民主政治制度的土壤和气候培育了西方人的民族性格和价值观,使西方人崇尚个人的自由平等、个性的发展、个体的创造、个人的奋斗,崇尚个人的财富、个人的爱情、个人的享乐以及个人英雄和个人冒险,排斥外在的人为束缚,将物质利益作为言行取舍的准则,将自我利益放在核心地位。早期的三权分立,国君有君权、教会有教权、贵族有王权,发展到后期的立法权、行政权和司法权相互独立、互相制衡,彰显出开放、多元的梯形结构、静定结构。

二、中西水哲学的差异

中华先民的水文化的世界本原观具有一元性,水文化的水性观表现为儒家"敬水"、道家"静水"、佛家"净水"。

水文化的河流观具有伦理性、实践性、逻辑性、科技性、法律性;水文化的海洋观具有隔离性、附加性、封闭性、冒险性、竞争性、掠夺性。

西方水文化的世界本原观体现多元性,水文化的水性观表现为"控水",海洋的面状辐射、方向上的多向性,体现空间感、现实感,在思维方式上倾向解析、分解。航海中方向的分解不仅是东、南、西、北四个基本方向,或包括东北、东南、西北、西南在内的八个方向，而是分解到度、分、秒方能确保到达目的地。而中国河流的线状贯通、方向上的单向性体现历史感、时间感，在思维方式上倾向整合。

三、中西河流文化的差异

对中华文明而言，河流文化是母文化，海洋文化是子文化；对西方文明而言，海洋文化是母文化，河流文化是子文化。中国是大河文化，西方（欧洲）是小河文化。

黄河、长江具有"四同"：同源，发源地均在青藏高原；同向，均由西向东流动；同归，均注入太平洋；同国，全程均分布在中国境内。黄河文明和长江文明的"四同"，极大增强中华文明的认同感和同一性，造成文明形态的同频共振，大大加强了文明基因的规定性、稳定性和遗传性。

欧洲轮廓破碎，河流短小；欧洲气候（西欧）为温带海洋性气候，年降水均匀，所以河流流量季节变化不大；河流流经国家数量多，多为国际性河流；水流平稳，水位季节变化不明显，所以河流航运价值高，且多人工运河。欧洲大陆从东北到西南斜贯着一条由乌瓦累丘陵、瓦尔代丘陵、喀尔巴阡山脉、阿尔卑斯山脉和安达卢西亚山脉构成的分水岭，使欧洲大陆形成两个斜面——北冰洋—大西洋斜面和地中海—黑海—里海斜面。因此，欧洲水系是散向四方的。一方水土养一方人，水系的不同流向，为政治的分化、分立、分裂埋下了种子。

中国的河流文化是统一性与多样性相结合，西方则是开放性与多样性相结合。中国河流文化的多样性体现在空间性上，西方河流文化的多样性体现在时间性上。

四、中西水工程文化的差异

我们以列入《世界遗产名录》的水工程为样本，考察中西水工程文化的异同。

从灌溉工程看，荷兰的阿姆斯特丹堤坝是征服自然、控制自然的杰作。荷兰海堤彰显的西方文化以人为中心，强调对自然的征服和改造，以求得人类自身生存与发展。哈尼梯田的"三水"：地表水、天上水、地下水的有序循环，江河、村寨、梯田、森林四位一体的生态自动控制、自动修复系统，构建天、地、人、水的和谐。中国的都江堰崇尚自然，布局象天法地，追求天意和理气，使水工程建筑和城市空间排列组合达到尽善尽美，显示出人适应自然的水平，演绎出道法自然、适度干预、生态平衡、人水和谐的模式。

从运河工程看，欧美运河是科技的杰作，其和谐美体现在个体的完整，以科学技术、工程成就列入《世界遗产名录》。中国大运河在时空跨度、长度规模、科学技术、管理制度、文化形态、社会功能等方面远超欧美运河。

从湖泊工程看，作为文化景观，奥地利新锡德尔湖、费尔特湖是自然湖，美学欣赏主要集中在视觉和听觉上，城堡和宫殿体现视觉的美学欣赏，"湖上音乐会"体现听觉的美学欣赏。我国西湖是一个自然湖，更是一个人文湖，是人与自然长期良性互动的产物，西湖的人文景观是最多的，与世界上以人文景观著称的湖泊相比，西湖的自然景观独具特色。西湖的美感主体则是眼、耳、鼻、舌、身的五官整合体。

从给水工程看，法国加尔水道桥和塞哥维亚输水道的造型艺术很注意对象的富有逻辑的对称性和比例关系；我国安徽西递、宏村的村落选址、布局和建筑形态，都以周易为指导，体现了天人合一的中国传统哲学思想和对大自然的向往与尊重。西递、宏村独特的水系是实用与美学相结合的水利工程典范，尤其是宏村的牛形水系，深刻体现了人类利用自然，改造自然的卓越智慧。

从水电工程看，三峡大坝的万年江底石、大江截流石、三峡坝址基石、银版天书等雕塑体现自然的原生态，截流纪念公园利用各类施工材料的写意雕塑体现工程的原生态，以天人合一为主题；胡佛大坝的雕塑强调神人合一，注重神人和普通人的写真刻画，以人本为理念。

五、中西建筑大师水概念的差异

从中西建筑大师的作品可看出，中西方对水的理解和运用，既有共同点，又有差异性。

在东方建筑大师的作品中，水体真正成为建筑的一部分，并扩大了建筑表达的可能性。建筑师通过对水的形态、深浅及其与建筑、环境的关系的控制，创造出丰富的环境空间，表现了水的不同特质与性格，水不但有许多生态功用，而且在营造建筑空间、建筑形象、愉悦精神、表达情绪与渲染氛围等方面具有极大的可塑性。在西方建筑大师的作品中，水是建筑的参照物、对比物，水仅仅是建筑的背景、环境存在，仅起衬托、营造气氛的作用。

西方建筑大师在处理建筑与水的关系时，常使用强调法，这种手法将突出建筑物的存在，使其成为景观主体，表现为"天人对峙"，有强烈的自我扩张意识，强调人是大自然的主人，弘扬人的伟大与崇高，相信人的智慧与力量，重视现实世界和人的个性。东方建筑大师在处理建筑与水的关系时，表现出对大地的敬畏与顺应，体现"天人合一"的理念，常使用隐蔽法和融合法，以保持原有的自然和社会景观为主，将建筑对原环境的影响减至最低程度，藏物于景中，淡化建筑物的存在。融合法是指充分、有效地利用自然和社会环境条件，使建筑物成为新环境的一个要素，融入环境、融入景观、相互依存、相互呼应，物景一体，物为景添色，景为物生辉。融合分景观融合和人文融合，景观融合是对建筑的自然需求、人文融合是对建筑的社会需求，两者必须兼顾。贝聿铭的美秀美术馆用的是隐蔽法，将美术馆隐藏在环境之中；王澍的富春山馆、中国美术学院象山校区等作品则将建筑完全融合在山水之中。

东方建筑大师以表现为主，用水构造意境；西方建筑大师以再现为主，用建筑创造典型。西方建筑大师的建筑典型是普遍性与特殊性的有机统一，又是必然性与偶然性的有机统一。福斯特的米约大桥高耸入云的"竖琴"和千禧桥的"弹弓"，以鲜明的个性，构造出风格迥异的典型。东方建筑大师营造的意境是一种若有若无的朦胧美、一种由有限到无限的超越美、一种不设不施的自然美。贝聿铭在苏州博物馆创造出的意境是艺术中一种情景交融的境界，是艺术中主客观因素的有机统一，彰显出中国传统文化深厚的底蕴。

西方建筑大师在建筑造型时常模仿自然，对于自身与对象关系的处理方式，主要表现为"微观透视""征服对象、再造自然"。东方建筑大师主张心师造化，所倡导的不是充分发挥视觉、听觉的认识作用及用手的技巧去揭示自然物象的具体特点，而是发挥心灵与视觉、听觉交融的感受能力，去领会物象与心灵的相通融之处。

六、中西水文化在文学的差异

中西水文化对文学的审美心态、文化形态、文化内涵产生重要影响，从而决定了审美理想、审美趣味、文学精神、审美表达和艺术风格等方面的差异。

中国文化内涵为内向型,体现和谐精神,群体意识;西方文化内涵为外向型,注重对立精神、个体精神。中国文化精神,重伦理、崇道德;西方文化精神重科学,求民主。农耕的生活方式决定了"情"是中国文化的主旋律。外向型经济方式、商贸的生活方式决定了"理"是西方传统文化的基调。

"忧患意识"是中国传统文化积淀形成于民族审美意识的美善结晶。中国文化心理结构的核心是群体意识,在伦理传统上是"群体"对自我的决定,不像西方文明的伦理传统是行为中的自我决定论。"乐生意识"是西方文化积极进取精神的延伸。

中国文学审美理想之"空灵",更表现为对意境的追求。中国美学具有两种最高境界:一是以儒家为代表的强调社会关怀和道德义务的境界,二是以佛老为代表的注重内心宁静平和与超越现实的境界。从而,中国文学多注重情趣与意象的契合之诗境、情境与处境的糅合,谓之意境。

"追寻意识"是西方文学和审美意识中崇尚自由、追寻、发展精神的集中体现。古希腊的科学型、自由型文化精神,经过文艺复兴、启蒙运动的传承,那种赞美生活,歌颂人生,讴歌人类的勇敢、聪明和智慧,站在宇宙的高度审视人与自我的搏斗,从而礼赞人性悲壮的崇高,体现以人为本、执着现实、积极进取、勇于追求的乐观精神和人本精神。

中国文学在审美表达上以表现为主。中国的叙事文学注重传神写意,重情含蓄。西方文学在审美表达上以"再现"为主。如西方诗大半以爱情为中心,主要是源于个人主义和自由意识,以及乐生的文化心理。

意境论是中国文学追求的重在表现的美学思想的结晶。中国的古典美学思想从一开始就注重物感说,重在抒情和表现,认为文艺的本质在于创造形象以写意抒情,意境是性格的组成部分,性格也是作家创造意境的手段。

西方文学在审美表达上注重写实,即典型化的手法。在表现手法上的典型化,西方文学善于详尽地描叙,人物的容颜、体态、风采、服装都作客观描绘,重在形似,注重直白地叙述,而情感的表达则注重直抒胸臆,善于构筑曲折复杂的情节,并注重结构的奇妙与完整,同时,善于捕捉和挖掘人物心灵,注重心理刻画和描写。

七、中西水文化对绘画的影响

以大河文明为主要特征的水文化对中华山水画家的视角产生深远影响。相对稳定的边界,对视线产生约束和阻断,为破除这种约束、超越这种阻断,想象力是极其重要的,散点透视则应运而生。

中国山水画构图与西画不同,讲究"神与物游,不为所累"。借助的是散点透视。仰山巅,窥山后,望山远,故有高远、平远、深远的散点构图。这种构图完全突破了透视学的视力局限,可使咫尺之图,纳千里之景,以有限表达无限。散点构图使画家具有多方位的视点,从而获得了更多的创作自由,能得到新颖、丰富多彩而又富于节奏、韵律的浪漫构图。内容和形式、具象和抽象、现实和浪漫在散点构图中对立统一、相辅相成。散点透视体现着时间的轨迹,将不同瞬间的画面组合在同一画面中,由春而夏而秋而冬。散点透视的视角和视点在不断地运动,这意味着画面的各部分往往是并列的,鉴赏者可从不同位置自由进入画面,画面的各部分是时空一体的、有机的、连续的。画面的运动并非是平均的,而是有动有止,有快有慢,在移动中的停驻处,画家在此做较为详尽的描绘,意境由此展开、丰富、深化，画面的虚实、详略，节奏的轻重、缓急，由此形成。

以海洋文明为主要特征水文化对西方画家的视角产生深远影响。西方绘画的构图是立体透视或称焦点透视，绘画构图是在二维平面上表现出三维空间的立体感。借这种透视，在构图上表现出纵、横、高的立体效果。画境似可走近，似可触摸。其构图源自"物我对立"，即景物与空间是画家立在地上平视的对象，其结果貌似客观，实颇主观。

八、中西水文化对园林的影响

以大河文明为主要特征的园林稳定的边界约束、河流九曲的形态对中国园林的构图产生重要影响，景藏则境界大，景显则境界小。中国较为强调曲线与含蓄美，即"寓言假物，不取直白"。园林的布局、立意、选景等，皆强调虚实结合，文质相辅。或追求自然情致，或钟情田园山水，或曲意寄情托志。工于"借景"以达到含蓄、奥妙、姿态横生；巧用"曲线"以使自然、环境、园林在个性与整体上互为协调、相得益彰而宛若天开。"巧于因借，精在体宜"的手法，近似于中国古典诗词的"比兴"或"隐秀"，重词外之情、言外之意。看似漫不经心、行云流水，实则裁夺奇崛、缜密圆融而意蕴深远。

以海洋文明为主要特征的园林受海洋的大尺度和潮汐的规律运动的影响，西方园林则以平直、外露、规模宏大、气势磅礴为美，比如开阔平坦的大草坪、巨大的露天运动场、雄伟壮丽的高层建筑等，皆强调轴线和几何图形的分析性，平直、开阔、外露等无疑都是深蕴其中的重要特征，与中国园林的象征性、暗示性、含蓄性等有着不同的美学理念。

九、中西水文化对音乐的影响

《乐记》有云："大乐与天地同和""洋洋乎若江河"说的便是指中华民族音乐与河水的关系。其曲式结构在统一中求对比，张孔山的《流水》琴曲就很典型，他创用"大滚圆""七弦大绰""滚拂""隐复伏调"，描绘流水的各种态势："起首二、三段叠弹，俨然潺湲滴沥，响彻空山。四、五两段，幽泉出山，风发水涌，时闻波涛，已有汪洋浩瀚不可测度之势。至滚拂起段，极腾沸澎湃之观，具蛟龙怒吼之象，息心静听，宛然坐危舟，过巫峡，目眩神移，惊心动魄，几疑此身已在群山奔赴，万壑争流之际矣。七、八、九段，轻舟已过，势就淌洋，时而余波激石，时而旋伏微沤，洋洋乎！诚古调之希声者也！"如古琴曲《潇湘水云》就是一首具有展衍性的变奏曲式。它以一个核心旋律贯穿整首乐曲，音乐和它的变体是以不同的手法数十次出现在曲中九个段落，以达到不变中求变，万变不离其宗，真正达到了统一中求对比的目的。

海洋潮汐的规律运动对西方音乐产生深刻影响，西方交响乐的曲式结构，往对比中求统一，一般分为呈示部、展开部、再现部，即所谓 A-B-A 式，是对潮汐的小潮、大潮的模式的模仿。呈示部中强调主部主题和副部主题的矛盾对立，使得音乐在一开始就处于矛盾冲突之中，以此调动听众引起听众强烈的情绪反应；展开部是把呈示部的矛盾对立引向更加复杂化和戏剧化，在最紧张的冲突顶点（即整体结构的黄金分割点）偏向一方，从而进入解决矛盾的一连串过程；再现部对矛盾的冲突进行总结，主部主题再现，而副部主题最终融入主部主题。两个主题的矛盾冲突是海洋动力学主控因素多元化的反映。

十、中西水利雕塑比较

水利雕塑是营造水文化的重要手段，是实施人文水利的教化、休闲、娱乐功能的主要载体，具有强大的意化、情化、美化环境功能。

从抽象雕塑看，中国重视对哲理的抽象，而西方重视对科技的抽象。

从具象雕塑看，中西都致力于水利人物的刻画，中国的雕塑注重于"意"，西方的雕塑注重于"形"，西方的具象雕塑受宗教影响，常以宗教之形示人。

从意象雕塑看，西方的写意重视造型的外在形式，他们在理性的千锤百炼中塑就一个精神的实体，西方写意雕塑在意义上是由"形而上"进行形体塑造的，远离或解构对象，重组一个主观的意象作品，在形态及意念方面均接近抽象。中国写意雕塑则不然，注重生活的原型，所谓"外师造化，中得心源"是中国写意雕塑的理论表现，注重主体对生活对象的感受，并把感受渗进作品。中国意象雕塑的精神特征是神、韵、气的统一。

从大地雕塑艺术看，美国的《螺旋形防波堤》《细胞生活》等案例，是以大地行为艺术为原则设计并实施的，它用土石或草木的建构给人们的提供仅仅是一个供人观赏的艺术品。中国的朱仁民的鸣翠湖国家湿地公园设计，不仅贡献了一个用芦苇做成的艺术品，而且是生态修复的杰出案例。朱仁民提出的"人类生态修复学"包括自然生态、文化生态、心灵生态三个部分。

第三节　推动我国水文化强国建设

党的十九届五中全会明确提出到 2035 年建成文化强国。水文化作为中国特色社会主义文化的重要组成部分，要在习近平新时代中国特色社会主义思想引领下，贯彻党中央对文化建设的新部署，坚持社会主义先进文化前进方向，把握文化发展规律，挖掘水文化时代价值，丰富水文化的时代内涵，以水文化的繁荣发展推动社会主义文化大发展大繁荣。要持续深入学习贯彻党的二十大精神，锚定推动新阶段水利高质量发展目标路径，着力提升水文化建设质量和水平。要实现建设社会主义文化强国的宏伟目标，要依靠全党和全国人民的共同奋斗，要依靠做好文化建设各方面的工作，只有各省市、各行业、各方面的文化建设达到强盛，才能实现建设社会主义文化强国的宏伟目标。

建设水文化强国的主要内容是：要坚持走中国特色社会主义水文化发展道路，构建和完善中华水文化的理论体系，推动水文化建设更加深入人心，激发全民族水文化建设的创造活力，全面落实水文化建设的各项任务，进一步扩大中华水文化在国际上的影响力，为人类文明进步做出更大贡献。

一、坚持走中国特色社会主义水文化发展道路

中国特色社会主义水文化发展道路，是中国特色社会主义文化发展道路的组成部分，内涵丰富。其主要精神体现在 2022 年水利部颁布的《"十四五"水文化建设规划》中提出的指导思想、基本原则、规划目标、保障措施之中。这些都要全面领会、全面贯彻。其中指导思想是核心。即以习近平新时代中国特色社会主义思想为指导，深入贯彻落实党的二十大和二十届历次全会精神，坚决贯彻落实习近平文化思想，立足新发展阶段、贯彻新发展理念、构建新发展格局，以推动高质量发展为主题，围绕举旗帜、聚民心、育新人、兴文化、展形象的使命任务，坚守中华文化立场，坚持敬畏历史、敬畏文化、敬畏生态，立足治水实践，以水文化保护、传承、弘扬、利用为主线，加强水文化系统研究，加快推进水利遗产的系统保护，保护、运用好党领导人民治水的红色资源，建立健全水文化工作体

制机制，守好老祖宗留给我们的宝贵遗产。深入挖掘水文化蕴含的时代价值，积极开展水文化宣传，努力提供内容丰富、形式多样的水文化产品和服务，不断满足人民群众日益增长的精神文化需求，不断提升水利干部职工的文化素养，为推动新阶段水利高质量发展凝聚精神力量。

二、构建和完善中华水文化的理论体系建设

理论是实践的先导，是行动的指南，是对事物内在本质、必然规律的反映。列宁在《做什么？》一书中说："没有革命的理论，就不会有革命的运动"。水文化建设必须建立在科学理论基础上才能有永久的生命力。

理论来自实践。水文化理论体系的构建，要通过把中华水文化的优秀传统和当代丰富多彩的水文化建设的实践加以整理、研究、升华，逐步达到对水文化本质的总体认识，从而构建起具有中国特色，内容较为完善的水文化理论体系，使水文化成为一门新型的学科，成为我国水文化建设的理论基础。

水文化理论体系的构建，是一项需要经过长期努力才能完成的艰苦工作，也是一个不断深化认识，不断逐步完善，不断发展的过程。在以往的水文化研究和水文化建设中，对水文化理论体系构建的有关问题已进行了有益和有效的探索，也取得了不少成果，但需要进一步系统化和理论化，使之真正成为一门新型的学科，立足于宏大的人文社会科学之林。

要构建水文化的理论体系，应该回答以下主要问题：一是要明确水文化理论体系是建立在哪些科学理论的基础上的，这是任何一门新的学科产生的理论土壤；二是要弄清水文化概念的科学内涵和外延应该如何界定，这是研究水文化理论必须明确的基本概念；三是要弄清水文化的研究对象是什么，这是最能体现出本学科特色和本质力量的研究内容；四是要弄清水文化形成、变化和发展的基本规律是什么，这是揭示水文化本质特征的重要问题；五是要弄清构建水文化理论的目的和落脚点是什么，即是否把水文化建设放在构建水文化理论体系的突出位置，作为构建水文化理论的目的和落脚点，使水文化理论能指导实践，接地气，见行动。

三、激发全民族水文化的创造活力

激发全民族水文化的创造活力是尊重人民水文化建设主体地位和首创精神的关键所在。为此应做到以下几点。

（一）要坚持以人为本

坚持以人民为中心的发展思想和工作导向，发挥人民群众在水文化建设中的主体作用。坚持以文化民、以文育民、以文惠民，用大众喜闻乐见的方式取得最广泛的群众根基，动员各方力量参与水文化建设。从治水实践中及时总结、培育和提炼水文化，注重运用水文化成果促进水利事业发展，更好满足广大人民对美好生活的新期待。

（二）提高全民族的文化自觉、文化自信和文化自强

"文化自觉"就是要遵循社会主义文化建设的特点和规律，以科学的态度、科学的方略对待和实施水文化建设。"文化自信"就是要相信中华民族的优秀水文化是人类最优秀的文化之一，应该为拥有这种优秀文化感到自豪和骄傲。"文化自强"就是要相信经过全党和全国人民的努力奋斗，一定能够建成社会主义水文化强国。

（三）大力繁荣水文化创作

围绕党中央及水利部党组重大决策部署，以重点水利文艺主题作品为推进方向，大力开展水文化创作。服务水利中心工作，推动创作一批蕴含时代精神、水利特色的水文化精品力作。组织文学、美术、书法、摄影和音乐、舞蹈、戏剧工作者等文艺、文学创作者深入大江大河、水管单位、水利建设一线采风，挖掘治水理念、治水故事、治水人物、治水成就等内容，创作文艺、文学作品。要激发广大水文化工作者的积极性、主动性和创造性。充分整合和利用各种水文化资源，鼓励他们面向基层、面向群众，贴近实际、贴近生活、贴近群众，创作生产出体现中国风格和中国气派、思想性艺术性观赏性相统一、人民喜闻乐见的优秀水文化作品。

（四）加大对水文化建设投入力度

要认真研究建立水文文化建设经费保障机制。针对水文文化建设的性质和特点，按照水文文化建设规划，积极争取公共财政支持，把文化建设经费纳入年度财政预算，努力落实专项经费。充分借鉴行业内外文化建设经费保障的成功经验，积极探索水文文化建设经费保障新模式，努力形成多元化、多渠道、多层次的经费筹措机制，保障水文文化建设顺利开展。

四、全面落实水文化建设的各项任务

建设水文化必须明确水文化建设的任务。不同的部门，不同的时期都有不同的任务，应从本单位的实际出发，制定水文化建设的规划和计划，明确本单位水文化建设的重点任务、发展目标和保障措施，确保水文化建设的任务落到实处。

就全国水利和涉水行业而言，当前和今后一个时期水文化建设的主要任务是：培育全社会人水和谐、人水共生的生产生活方式，增强全社会水意识；培育和践行水行业社会主义的核心价值观，全面提高人民思想道德素质和科学文化素质；加强水生态文明建设，为建设"美丽中国"做贡献；提高水工程文化的品位，满足人民精神文化需求；繁荣水文化事业，发展水文化产业，增强水文化实力；保护和整理优秀的水文化遗产，服务当代水利建设；加强水文化研究，构建水文化的理论体系；加强水文化教育和传播，扩大水文化在全国和国际上的影响力。

水文化建设不仅是水利行业的大事，也是全社会都应关注的大事。人类的生存，经济的发展，社会的进步，都离不开水，都会遇到各种各样水的问题。而这些问题的解决都可以在水文化中找到答案。因此，各行各业都应从本单位的实际出发，进行水文化建设，明确任务，努力完成。

五、推动水文化更加深入人心

首先，要提高各级领导对加强文化建设重要意义的认识，切实担负起推进水文化建设的政治责任，认真贯彻落实国家关于文化建设的政策措施，把水文化建设摆在全局工作的重要位置，纳入社会发展的总体规划，纳入科学发展考核评价体系，与经济建设一同部署、一同推进。要建立健全水文化建设的领导体制和工作机制，明确水文化建设工作的主管部门，充实人员力量，采取有效措施，切实推动我国水文化的繁荣发展。

其次，要把水文化建设与经济建设，特别是与水利建设紧密地结合起来，与创先争优活动结合起来，与群众性精神文明创建活动结合起来，与积极培育和发展行业文化、机关文化、企业文化等结合起来。使水文化建设到基层，接地气。把水文化建设搞得有声有色，使水文化建设的成果更加显现，不断增强水文化建设的吸引力和感召力，使更多的人自觉地投身水文化建设之中来。

最后，要大力做好水文化的宣传工作。依托中央和地方主流媒体、行业媒体及网络新媒体，结合水利工作重要时间节点，抢抓重要水利政策出台的契机，以刊发专题报道、组织主题采访活动和定期发布等方式，宣传水利重大成就和典型经验、水文化阶段性成果，向社会公众传播水文化。组织形式多样的水文化主题活动。开展水文化进社区、进机关、进企业、进基层系列活动，展示内涵深刻、丰富多彩的水文化。

六、进一步扩大中华水文化的国际影响力

我国水文化历史悠久，内容丰富，在水文化研究与水文化建设方面也走在世界前列，是当之无愧的水文化大国。但要建设水文化强国，还要围绕提高中华水文化国际影响力和竞争力，积极开拓国际水文化市场，创新水文化走出去的模式，不断提高国家水文化软实力，推动中华水文化走向世界。抓住共建"一带一路"等契机，充分利用国际水事活动和国际水组织平台，加强国际水文化合作交流。创新宣传与交流手段，开发一批对外水文化宣传产品，传播中华治水理念、治水经验，讲好中国治水故事，传播好中国水利声音，提升中国水文化的影响力。加强与联合国涉水组织的联系。为此，一要开展多渠道多形式多层次对外水文化交流，广泛参与世界水文化的对话，促进水文化相互借鉴，增强中华水文化在世界上的感召力和影响力；二要创新中华水文化对外宣传方式方法，增强国际水文化话语权，增进国际社会对我国优秀传统水文化、水精神、水行业价值观的了解和认识，展现我国文明、民主、开放、进步水文化的大国形象；三要实施水文化走出去工程，完善支持水文化产品和水文化服务走出去政策措施，培育一批具有国际竞争力的外向型水文化企业，开拓国际水文化市场；四要鼓励代表国家水平的各类水文化的学术团体、艺术机构在相应国际组织中发挥建设性作用，把政府交流和民间交流结合起来，发挥非公有制文化企业、文化非营利机构在对外文化交流中的作用，支持海外侨胞积极开展中外水文化交流。

当今，文化、经济、政治的相互交融在提高综合国力中的地位和作用越来越重要。水文化对社会的政治、经济、文化产生着重大影响。因此，大力加强水文化建设，是形势之需、时代之需、人民之需。建设社会主义水文化强国，是一项长期而艰巨的光荣任务。实现这一目标，不仅要依靠全国水利行业职工坚持不懈的努力，更需要依靠全国人民坚持不懈的努力。只要我们坚定信心，不懈奋斗，建设社会主义水文化强国的目标就一定能实现，就一定能为人类文明进步做出更大贡献。

参 考 文 献

[1] 习近平. 习近平谈治国理政 [M]. 北京：外文出版社，2014.
[2] 李宗新. 水文化初探 [M]. 郑州：黄河水利出版社，1995.
[3] 李宗新，李贵宝. 水文化大众读本 [M]. 北京：中国水利水电出版社，2015.
[4] 中国水利文学艺术协会. 中华水文化概论 [M]. 郑州：黄河水利出版社，2008.
[5] 李宗新，闫彦. 水与水工程文化 [M]. 北京：中国水利水电出版社，2015
[6] 靳怀堾. 中华文化与水 [M]. 武汉：长江出版社，2005.
[7] 靳怀堾. 中华水文化通论：水文化大学生读本 [M]. 北京：中国水利水电出版社，2015.
[8] 金元浦. 中国文化概论 [M]. 北京：中国人民大学出版社，2007.
[9] 蒋涛，秦素粉，胡红梅，等. 水文化教育导论 [M]. 中国水利水电出版社，2019.
[10] 朱海风. 水文化研究丛书 [M]. 北京：中国社会科学出版社，2014.
[11] 朱海风. 中外水文化研究 [M]. 北京：中国水利水电出版社，2017.
[12] 朱海风，史月梅，张艳斌. 水与文学艺术 [M]. 北京：中国水利水电出版社，2015.
[13] 李可可. 水文化研究生读本 [M]. 北京：中国水利水电出版社，2015.
[14] 杨大年. 中国水文化 [M]. 北京：人民日报出版社，2005.
[15] 史鸿文，王燚. 文化黄河研究 [M]. 北京：中国社会科学出版社，2014.
[16] 陈超. 中原农业水文化研究 [M]. 北京：中国水利水电出版社，2017.
[17] 毛佩琦，刘少华，魏天辉，等. 水与治国理政 [M]. 北京：中国水利水电出版社，2015
[18] 李中锋，张朝霞. 水与哲学思想 [M]. 北京：中国水利水电出版社，2015.
[19] 尚群昌. 秦汉水井空间分布与区域差异研究 [M]. 北京：中国水利水电出版社，2017.
[20] 饶明奇，吴礼明. 政治黄河研究 [M]. 北京：中国社会科学出版社，2014.
[21] 王荣初. 历代山水名胜词选 [M]. 杭州：浙江摄影出版社，1999.
[22] 吴功正. 山水诗注析 [M]. 太原：山西教育出版社，2001.
[23] 王瑞平，史鸿文，邱艳艳. 水与民风习俗 [M]. 北京：中国水利水电出版社，2015.
[24] 韩玉洁. 水志书研究 [M]. 北京：中国社会科学出版社，2014.
[25] 王清义. 中西当代水伦理比较及其对我国水资源管理的启示 [J]. 华北水利水电大学学报，2016，32（02）：1-3.
[26] 吕娟. 水文化理论研究综述及理论探讨 [J]. 中国防汛抗旱，2019，29（09）：51-60.
[27] 李宗新. 应该开展对水文化的研究 [J]. 治淮，1989（04）：1.
[28] 李宗新. 简述水文化的界定 [J]. 北京水利，2002（03）：44-45.
[29] 兴利. 试谈水文化的内涵 [J]. 治淮，1990（02）：47.
[30] 范友林. 从水文化的实质谈起 [J]. 治淮，1990（04）：55.
[31] 冯广宏. 何谓水文化 [J]. 中国水利，1994（03）：50-51.
[32] 冉连起. 水文化琐论二则 [J]. 北京水利，1995（04）：59.
[33] 李可可. 关于水利文化研究的思考 [J]. 荆州师专学报，1998（01）：41-43.
[34] 汪德华. 试论水文化与城市规划的关系 [J]. 城市规划汇刊，2000（03）：29-36，79.
[35] 杜建明，陈金成，赵拥军. 水文化解读和水文化工程建设 [J]. 河北水利，2008（12）：46-47.
[36] 梅芸，韩春玲. 水利文化——物质水文化与精神水文化的结合 [J]. 中国水运（下半月刊），

2010, 10 (10)：77 - 78.

[37] 彦橹. 重新定义"水文化"[N]. 中国水利报, 2013 - 07 - 25 (006).

[38] 郑晓云. 水文化的理论与前景[J]. 思想战线, 2013, 39 (04)：1 - 8.

[39] 黄龙光. 少数民族水文化概论[J]. 云南师范大学学报（哲学社会科学版）, 2014, 46 (03)：147 - 156.

[40] 史鸿文. 论中华水文化精髓的生成逻辑及其发展[J]. 中州学刊, 2017 (05)：80 - 84.

[41] 刘珊宇, 胡荣华. 水利新闻与水文化传播中的诗词应用[J]. 中国报业, 2024 (10)：15 - 17.

[42] 宋丽敏. 广州市南岗河幸福河湖建设总体思路分析[J]. 陕西水利, 2024 (05)：100 - 102.

[43] 张超. 水文化传播教育的现状初探水文化[J]. 2024 (02)：43 - 45.

[44] 阳馨, 刘语欢, 孔璞. 全媒体视域下水文化传播研究[J]. 水文化, 2024 (01)：26 - 29.

[45] 朱海风. 从中国水文化分类看山东水文化的特色与亮度[J]. 山东水利, 2023 (12)：5 - 8.

[46] 段金锁. 黄河水文化时代价值挖掘与传播创新研究[J]. 新闻爱好者, 2023 (12)：98 - 100.

[47] 靳怀堾. 水文化与水利文化[J]. 山东水利, 2023 (09)：4 - 7.

[48] 贾兵强. 中华水文化信息资源：内涵、特征与核心要义[J]. 华北水利水电大学学报（社会科学版）, 2023, 39 (04)：98 - 103.

[49] 彭纾闵, 刘磊. 水文化的内涵及艺术价值探索[J]. 灌溉排水学报, 2023, 42 (07)：153.

[50] 许诗丹, 任棐, 田世民, 等. 国内外水文化研究对比与思考[J]. 人民黄河, 2022, 44 (S1)：36 - 37, 41.